JN198157

UTAGE PRACTICAL MANUAL
EMAIL/LINE EDITION

UTAGE 実践マニュアル

メール・LINE編

金城 有紀
KINJO YUKI

つた書房

本書をお読みいただく上での注意点

●本書に記載した会社名、製品名などは各社の商号、商標、または登録商標です。

●本書で紹介しているアプリケーション、サービスの内容、価格表記については、2024年12月26日時点での内容になります。

●これらの情報については、予告なく変更される可能性がありますので、あらかじめご了承ください。

はじめに

マーケティングとは、見込み客が買いやすくなるように「おもてなし」をすることです。スムーズにカスタマージャーニーを進んでもらえるようなわかりやすくシンプルな導線になっていて、実際に、Web上でその通りに再現されていること。

例えば、入力が面倒ではないか、無駄な登録ステップが間にはさまっていないか、見込み客に意味が伝わりづらい表現になっていないかどうか。それらはすべて、相手を思いやり、注意深く観察することで実現できることです。そこには「愛」しかないと思っています。

その分、事前の設定が面倒で煩雑だとか、実現するのにITスキルやセンスが足りないとか多くの問題が発生することもあるでしょう。けれどそれは、見込み客にはなんの関係もないことです。そして、あなたが「知らない」「できない」自己都合を押し付けることで見込み客に不便をかけるようでは、おもてなしとは言えません。

見込み客にとっては、欲しいと思ったものがすんなり買えて、お得感があり、商品サービスを使うことで期待以上の成果を手にできるのなら、販売者が誰だっていいいし、どんな商品サービスでも構わないのです。

けれど、どうせなら、「あなたを買いたい」「あなたから買いたい」と選ばれたい人のために本書を書きました。

私は、長年ネットビジネスの世界に身を置いており、一発屋でうまく逃げ切ったひともいれば、一世を風靡したのに気づけば元の生活に戻ってしまった人も多く見てきています。そうした中で、顧客との関係性が良いままで長くビジネスを続けられている人というのは「メルマガの定期配信をしている」という共通項があることも知っています。

これは、小手先の、今しか使えない流行のテクニックと、長く使える本質に根差したビジネス戦略をうまく使い分けた結果だともいえます。

UTAGEは今、流行りのツールです。この1年、本当に多くの方のUTAGE活用についてご相談に乗ってきました。
UTAGEを使うことで、見込み客視点で「参加申し込みがスムーズにできる」「楽に買える」「すぐにコンテンツが見れる」状態を作ることができます。販売者視点でも、煩雑な事務作業が軽減できるすぐれた機能がたくさんあります。

中でも特にご質問が多かった効果的なメール・LINE配信の方法について、今すぐで役立つ小手先のノウハウだけでなく、「ビジネスを長く続けるには」という視点で解説をしました。

ぜひ、UTAGEを使って、あなたやあなたの商品サービスを選んでくれる人を多く獲得し、ビジネスを盤石なものにしていきましょう。

CONTENTS

CHAPTER 1

UTAGEとは？

CHAPTER

2

UTAGEの初期設定

CHAPTER
3

メール・LINE配信を理解する

CHAPTER

4

ステップ配信の設定

CHAPTER

5

リマインダ配信の設定

CHAPTER 6

改善と定期配信のコツ

あ な た の 売 上 U P に 役 立 つ

書籍購入者限定！
シークレット特典

お読みいただき、ありがとうございます。
本書と合わせてお使いいただくと、よりあなたのビジネスが加速するコンテンツをご用意しました。

- **UTAGE初期設定チェックリスト**
- **LINE公式アカウント（&タイ公式）徹底解説マニュアル**
- **商用利用OK！ボタン画像一式**
- **書き換えるだけで使えるシナリオサンプル文章**
- **コピペで使える「かんたんLINEファネル」設定資料＆動画解説マニュアル**
- **プレゼント動画（VSL）作成マニュアル 動画シナリオ／パワポ／Zoom設定**
- **公式LINE垢BAN対策＆復旧マニュアル**

などなど

随時更新&コンテンツ追加予定です。

詳しくはこちらから、ご覧ください。

こちらのURLからも飛べます
https://utg.gram.bz/BOOK

※特典は予告なく終了する場合があります。予めご了承ください。

CHAPTER

1

UTAGEとは？

1

SECTION

なぜ、UTAGEが注目されているのか？

UTAGEとは、PCのブラウザ上で動作するWebアプリケーションです。見込み客を効率よく顧客転換するための、コスパに優れた自動化ツールです。

Webマーケティングにほしい機能がぜんぶ使える

インターネット上で商品やサービスを販売したいと考えた時、あれもこれもと準備しなければならないことに気づきます。例えば、メールアドレス取得のためのオプトイン用ランディングページ（LP）や、申し込みフォーム、メール配信システム、個別相談予約のためのカレンダーシステム、支払いのためのカード決済機能など多岐に渡ります。

これまでは、それぞれの機能を専門的に持つサービス単体を組み合わせて運用していた方がほとんどでしたが、それぞれのサービスに顧客情報が散逸してしまい管理の手間が発生したり、細かな数値計測や分析をしたりすることが困難な状況でした。さらに、ツール同士の繋ぎこみに失敗し、売上機会を損失するなどの事件も起きていました。

長らくこの状況が続いていたのですが、不便を解決すべく登場したのが、「ファネルビルダー」です。これは、Webマーケティングに必要なツールや機能が全て揃っているオールインワンのシステムのことを言います。海外ではClickfunnels（クリックファネル）というツールが有名なのですが、1つのシステム内にWebマーケティングで欲しい機能がすべて入っており、視覚的に機能を繋ぎ合わせることでセールスファネルを構築することができます。同じシステム内でのページ移動が叶うので、カスタマージャーニーの最初から最後までをしっかりと追うことができるのが魅力です。

ですが、前述したクリックファネルは日本語対応しておらず、英語に苦手意識を持つ方にはとても利用が困難だったことと、海外の先進的なマーケティング手法にも通じていないと使いこなせない高度なものだったために、日本ではあまり普及していませんでした。その後、日本語で使えるシステムも登場してきていますが、ほとんどがメールマーケティング専用のツールで、LINE配信に対応していません。日本人向けの市場において、スマホユーザーのほとんどが利用しているメッセージアプリであるLINEを使って、マーケティングメッセージを届けられるファネルビルダーはUTAGEだけ。このことが、UTAGEを導入選択する決め手となっています。

やってみたかったマーケティング施策が全部できる

技術的に導入が難しかったり、英語の壁だったり、コストが高くて手が出なかったりと、これまで「やってみたかったけどできなかった」マーケティング施策は、UTAGEを使えば管理画面上の設定だけでかんたんに利用可能になります。

例えば、**URLの有効期限を設定すること**は、最もマーケティング効果が高い施策です。締め切りを設定することで期限内に行動してもらうだけでなく、締切終了後にページが閲覧できない、あるいは申し込みできないようになっていること自体も、見込み客に対する教育として十分な効果があります。

適切な表示期限設定をすることで、見込み客に対して、（あの時、見ておけばよかった、買っておけばよかった）という後悔の体験をさせることができます。こうした体験を積み重ねることで、見込み客は（次こそは逃すまい）と思い、あなたからのメッセージが届いたらすぐに開封して内容を確認してみるという行動習慣を持つようになります。これこそが、締め切り効果を使った顧客教育施策のひとつです。

もうひとつ、**ワンタイムオファー（OTO：OneTimeOffer）**というマーケティング施策があります。ある商品を購入したすぐ後のサンキューページで、関連商品もいかがですか？　とすぐに次の商品サービスの案内をして、再度、カード情報を入力させることなく、ワンクリックで支払い完了させて売上アップを図る方法のことをいいます。多くのケースでは、ITスキルが足りずに、販売ページに決済システムが繋ぎこめません。でもUTAGEなら、管理画面の操作だけですぐに実装することができます。

他にも、**オートウェビナーというセールス動画による自動販売**手法があります。生身のセールスマンが個別にお話をして商品サービスを販売していたのを、録画を使ってツールやシステムで肩代わりできるので、まさに365日24時間セールスを続けているのと同じです。

ですが、仮に動画を作ることができたとしても、時間通りに放送させたり、一定期間が経過したら動画下に申し込みボタンを表示させるというウェビナー視聴ページを作るのは、技術的に困難な方が多いです。その点UTAGEなら、動画さえあればファネルのLPページでサクッと作ることができます。

このように、効果がありそうなのを知りつつも、導入できずに諦めていたことが気軽に試せるようになるのもUTAGEの良いところです。

自動で数値計測してくれる

「数値計測できるものは改善できる」とは言われるものの、その数値を見ることすら苦手な方も多いです。これ以外にも、技術的な問題でLPにアクセス解析を入れることが難しかったり、数値レポートを作ったりという事務作業が苦手、そもそも数字を見ることも苦手だという人もいます。でも、UTAGEはシステムを使いさえすればページ毎の数値が自動で計測され、一覧で見えるようになるため、ファネルのどこで見込み客が離脱しやすいかが一目瞭然です。このことで、セールスファネル内の弱みとなっているボトルネックをかんたんに見つけることができ、より売れやすい状態へと改善できるようになります。感覚で「売れた／売れなかった」を判別している起業家が次のステージに進むのにとても有用な機能です。

行き当たりばったりの販促キャンペーンからの卒業

提供している商品サービスの特性上、キャンペーンをやらないと当月売上が0円という方も多いです。年に何回もキャンペーンを開催している人は、気が付くと年中休む間もなくキャンペーンを次々とやって、疲弊しています。

キャンペーンをやれば売上が上がるのはその通りなのですが、人的資源は有限です。UTAGEを導入すると、**いつ売れてもいいし、サポートの手間がかからない売り切りのフロントエンド商品をエバーグリーン（EG）で売るというセールスファネルを用意することができるようになります**から、行き当たりばったりの状況から脱せられます。

ちなみに、エバーグリーン（EG：Ever Green）というのは、英語では「常緑樹」を意味しており、プロダクトローンチの文脈で使われるマーケティング用語で常に緑＝いつでも収益を生み出せるという意味があります。

「うさぎとかめ」の童話にたとえると、エバーグリーン（EG）とはコツコツとゴールを目指した「かめの戦略」です。そして、期間を決めてのリアルタイムキャンペーンは「うさぎの戦略」です。売上目的の場当たり的なキャンペーンだけをやっていくよりも、**「かめの戦略」で常に事業がアイドリングしている状態で、「うさぎの戦略」で大型キャンペーンをかぶせる**ことができれば、コンテンツ販売だけで年1億円の売上というのも夢ではなくなります。

個人のSNS発信によって新規リストを獲得するのに限界が来ている

と感じている方は、まずはUTAGEを使って、小フォロワー数でも高収益が取れる「かめの戦略」のセールスファネルを導入することと、徐々に人手を入れて、自分自身が事業に関わる部分を減らしていくことをやってください。

UTAGEを利用することで、真に得られるもの

UTAGEには、さまざまな機能が盛りだくさんで、やりたいマーケティング施策がなんでもできることが魅力ですが、「機能的な利便性」や「販売機会を逃さずにセールスできて売上アップすること」だけではありません。UTAGEを使い、適切なマーケティングフローをシステム実装し、ファネル構築することで得られる「本当に大切なもの」は、見込み客・顧客とのエンゲージメント（関係性）です。

見込み客としてリストインしてくれた方、そして一度は購入者となってくれた人たちと、期間を長く、できれば感情的な深さのある「良好な関係」を維持・向上することは、次の販売機会を創出し、顧客一人当たりの生涯顧客価値（LTV）の向上につながり、結果、事業が発展・存続します。

ですが、多くのケースでは、販促キャンペーンごとに見込みリストを燃やし尽くし、きちんとフォローアップもせずに他社へ流出するがままになっていたりと、非常にもったいない状態が見受けられます。もちろん、扱う商品が消耗品のように低単価で、かつ高いリピート率を確保できるものであれば、次々と市場に生まれる新たな見込み客を獲得し、販売しつづけることも可能かと思います。ですが、**起業家や個人・零細企業が売るべきは、利益率が高い「高単価の商品サービス」です。**高単価であるがゆえに、購入判断するまでに時間がかかるものでもあります。この時間がかかる部分を、UTAGEというシステムを使って自動化できること、それこそが、UTAGEを利用することで得られる本当の価値なのです。

SECTION 1-02 UTAGE

UTAGE利用で回避できること

販売機会を創出し、売上アップのためにUTAGEを利用したい方もいると思いますが、実は、リスク回避のための「守り」にも強いのです。

SNSでの認知拡大・売上アップが叶う

X（旧Twitter）やInstagram（インスタ）／Threads（スレッズ）の投稿で、商品サービスやイベントの告知・宣伝をするとどうなるか知っていますか？　あまり、気づいていない方が多いのですが、宣伝・告知の投稿だけが、いいねや保存、RTが極端に少ないのです。それだけ、宣伝・告知の投稿は、フォロワーやその向こうにいるソーシャルオーディエンス（フォロー外のユーザー）に忌避されています。逆に言えば、**SNSタイムラインで「売りの姿勢」を一切見せない方が、投稿のインプレッション向上に寄与し、認知拡大に役立ちます。**

SNS投稿では、「あくまでも認知拡大＆リスト取り」に集中し、実際の販売告知や宣伝に関しては、リストインしてくれている人だけに送るという、「メディアの使い分け」をすることで、SNSでの認知拡大と売上アップの両方を叶えることができます。

SNSの垢BANリスクを回避できる

アカウントが利用停止になることを、「凍結」や「垢BAN（あかばん）」と呼びます。

無料で使えるソーシャルメディアで見込み客を獲得している方が一番、恐れているのは、せっかく育てたSNSアカウントが急に使えなくなることではないでしょうか。多くの登録者数がいたYouTubeチャンネルもある日いきなり削除されて動画がすべて視聴できなくなることもありますし、X（旧Twitter）やInstagram／Threadsのアカウントも、運営会社の都合でアカウント停止になるリスクはいつも付きまとっています。

ですので、SNSから見込み集客をしている方は、必ず、他の連絡手段が使えるように個人情報も獲得するようにしなければなりません。具体的には、お名前、メールアドレス、電話番号、住所です。メールアドレスをいただいていれば、メールで連絡ができますし、電話番号をいただいていれば、架電したりSMS（ショートメッセージ）が送れます。住所があれば、ハガキや封書などのダイレクトメールを送ることができます。UTAGEを使えば、もしもの場合に備えて、SNS以外の手段でも連絡が取れる状態にすることができ、万が一の事態が起きても、スムーズに再起動することができます。

LINE公式アカウントの垢BANリスク対策になる

これまで、LINE公式アカウントでしか連絡手段を持っていなかった人も、メールマーケティングの重要性に気づいてUTAGEを導入するケースが多いです。LINE公式アカウントの配信手数料が値上がりして以前のように、メルマガ代わりにメッセージを送りにくくなったのが要因の一つです。そこで注目されているのは、対象者のみにメッセージを送るセグメント配信やセールスファネルを使った販売手法です。

LINE公式アカウントでは、未認証アカウントの場合、LINE友だち追加画面やトークルームの上部に投資詐欺を警告する文言が表示されるようになったり、利用規約も年々厳しくなっています。

ですが、「だからLINE公式アカウントはダメだ、使えない」わけではありません。なぜなら、日本市場において、LINE公式アカウントを使わない手はないからです。LINEはメールとは違って100%の到達率で見込み客のスマホに露出でき、メールのように自動でフォルダ振り分け設定して「目に入らない状態にすることができない」ために高反応が取れます。これは、LINEだけが持つ大きなポテンシャルであり、非常に優れた連絡手段であることに間違いありません。リスクがあるのはどのSNSも同じ、つまりは他の連絡手段も確保しておけばいいだけです。過度におそれることはありません。

LINEは、メールアドレスや電話番号、住所情報よりはかんたんに取れる個人情報ですが、必ず、LINE公式アカウントの停止リスクも織り込んで賢く使う必要があります。

メールだけの運用で反応率が落ちてきた方は

今までメールマーケティングしか行っていなかった方は、UTAGEを使ってLINEも併用することで反応率が上がることを体験することでしょう。メールの反応率が落ちている主な原因は、利用しているメール配信スタンドのメール到達率の低下や、反応がない人へもメールを送り続けることで評価を下げてしまったこと、そして、利用者が多いGmailの配信要件が厳しくなったこともありますが、そもそものメール利用者の減少も原因です。これまで、「メールは見ていないのでLINEで連絡ください」と顧客から言われたことはありませんか。UTAGE導入を機に、LINEも併用して、マーケティングメッセージへの反応率をあげていく施策をいれる絶好のタイミングです。

SECTION

UTAGEでできること

組み合わせや使い方次第で、様々なタイプのセールスファネルが自由に作れ、メール・LINEの同期配信ができるUTAGE。ここではUTAGEでできることを紹介します。

UTAGEで何ができるのか

●ランディングページ（LP）作成

UTAGEにおけるファネルとは「LPの集まり」です。ノーコードでWebページを作成することができるため、HTMLやCSSやJavascriptといった技術的な知識はいっさい必要ありません。LPのサンプルが用意されているので、サンプルを元にあなたのケースに文章を書き換えるだけでオプトインページや販売ページ、動画視聴ページ、LINE登録ページ、サンキューページなどがかんたんに作れますし、作ったLPをコピーして再利用したりもできます。

この他、ファネルコピー機能によって、他社提供のLPデザインを一式、ファネルテンプレートとして設定することができます。

ファネル

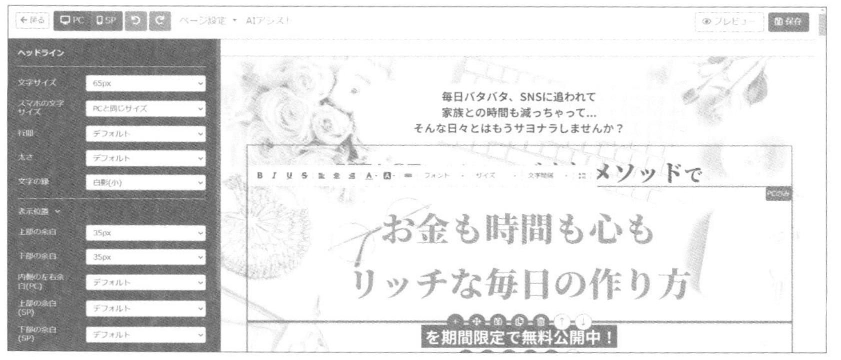

実際のLP編集画面

●メール・LINEを混合したシナリオ（ステップメッセージ）の送信

UTAGEの1契約で複数の公式LINEと連携できます。また、メール・LINEのステップ配信シナリオが無制限に作れるのはもちろんのこと、指定日時までの逆算でステップ配信してくれる「リマインド」機能もあります。特に、リマインド配信は機能が豊富で、イベント開催後の経過日数でもフォローアップメッセージを送ることができます。一斉配信機能もあるので、シナリオ内の購読者に都度配信が可能です。配信対象者を絞り込んだセグメント配信や配信予約も可能です。

きちんとメールとLINE情報の紐付けができていれば、**LINEメッセージからご購入があった場合に、メールでの追いかけ配信を止めることができます。**

媒体	管理名称	送信タイミング	ステータス
LINE	登録直後：動画ページ	登録直後	稼働中
メール	登録直後：今すぐLINE追加して	登録直後	稼働中
LINE	登録直後：動画ページ_コピー-20241212170243	1分 後	稼働中
LINE	5分後：クリックしてない人に追撃	5分 後	稼働中
メール	5分後：LINE追加がないひとへ	5分 後	稼働中
LINE	20分後：動画ページ案内	20分 後	稼働中
LINE	1日後朝：あなたはこんな風ではありませんか？	1日後 8:00	稼働中
メール	1日後20時：LINEシークレット特典配布	1日後 20:00	稼働中
LINE	1日後20時8分：CL動画視聴ページ対象シークレット特典配布	1日後 20:08	稼働中

ステップ配信

また、1シナリオにつき1つの登録フォームが作成できます。シナリオの登録フォームはHTMLタグで発行もできるので、UTAGE以外で作成したLPにも掲載可能です。

登録フォーム設定項目

●イベント機能

1：1の「個別相談・個別予約」タイプと、1：多数の「セミナー・説明会」タイプがあります。参加人数の制限ができる他、無料・有料の設定ができます。有料の場合は申し込み期限によって自動的に金額を変えることもできます。

「個別相談・個別予約」タイプは、担当者のGoogleカレンダーと連携することで、予約可能日時を手動で設定する管理の手間をなくせるのが特徴です。イベント申し込みフォームは、UTAGEで作ったLPにかんたんに掲載でき、フォームの前後に案内用の文章を掲載したりデザイン装飾できます。

個別相談申込フォーム

決済機能

ストライプ（Stripe）、ユニヴァペイ（UnivaPay）、アクアゲイツ（AQUAGATES）、テレコムクレジットの4社を利用できます。決済機能を利用する際は、UTAGEの利用契約とは別に、それぞれの決済会社との加盟店契約が必要です。各決済代行会社との契約によりますが、クレジットカードでの一括支払いや分割支払いにも対応しています。

ストライプとユニヴァペイはオーダーバンプ（ついで買い）機能に対応しています。ユニヴァペイの場合は、GMOあおぞらネット銀行に口座をお持ちで、かつ、オート銀振のオプション契約をしておくと入金データがUTAGEに自動連携されるようになるので、入金データの照合など人的な手作業を減らし、ミスを防げます。

UTAGEの決済機能を使うことで、支払いがあったときにシステム連携して購入ありがとうメールを自動で送ったり、会員サイトのログイン情報を自動で送付できたりと、コンテンツデリバリーが楽になるので、ぜひご利用いただきたい機能です。なお、ストライプはコンテンツ販売に向いていませんので、ユニヴァペイのご利用を強くおすすめします。ユニヴァペイは、UTAGE経由での申し込みの場合に、月額利用料無料なのも魅力です。

なお、UTAGEはペイパル（Paypal）には対応していません。

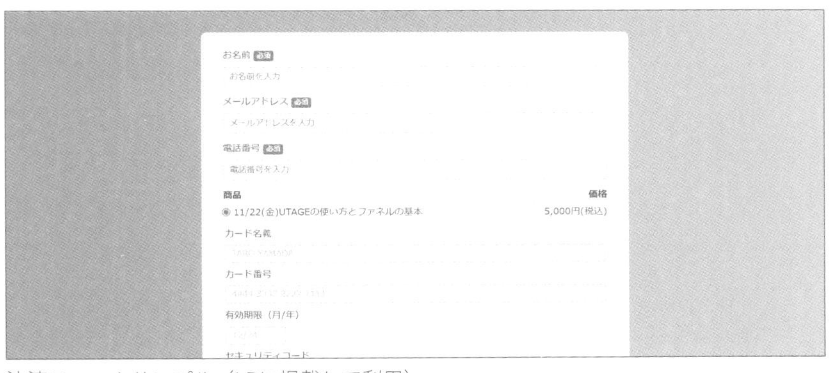

決済フォームサンプル（LPに掲載して利用）

●会員サイト機能

ご購入いただいたオンラインコンテンツをUTAGEで作成した会員サイトで提供することができます。受講者それぞれの受講状況や、操作履歴を確認できます。UTAGE導入前の既存購入者にもご利用いただけます。

会員サイトサンプル

●アフィリエイト・代理店（パートナー）機能

あなたの商品サービスをご紹介いただいた方に、オプトまたは成約ベースでの紹介手数料をお支払いできるようになる機能です。

パートナーサイトサンプル

ファイル保管

動画、音声、画像、PDFなど様々なファイル形式のものをアップロードできます。容量制限があります。

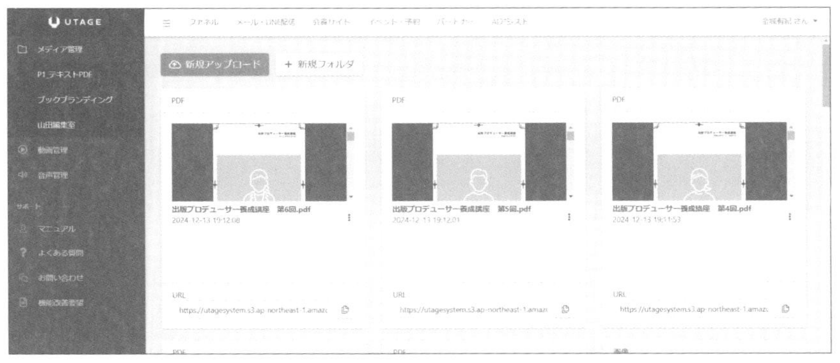

メディア管理では画像、PDF、zip等が格納できる。フォルダ分けもできる

UTAGEにはWebマーケティングで使える機能はたくさんありますが、すべての機能をまんべんなく使いさえすれば売上アップするという話ではありません。売れる商品コンセプトありきで、「顧客転換をシステムを利用して効率よく行えること」そのものがUTAGEの果たす主な機能であり役割です。あなたの商品サービスの販売に必要な機能を最低限だけきちんと使ってファネル構築して、徐々に改善していったり、セールスファネルを複雑化していくようにしましょう。

SECTION

UTAGEを導入する前に知っておきたいこと

すでにマーケティングファネルを稼働している方が、UTAGEにシステム移行したり、他のマーケティングシステムと併用したりする場合についてお伝えします。

これまで公式LINEしか使っていない場合

イベント毎にLINE公式アカウントを作っていて、1つのLINE公式アカウントを1シナリオとみなして運用しているケースが多くあります。この場合、キャンペーンが終わるとメインのLINE公式アカウントにまとめて、キャンペーン用のものは無料プランにダウングレードして配信コストを節約していることが多いです。このため、月額5,500円を課金してまでメッセージするかどうかで、コスト面を理由に見込み客全員に連絡できない状況を作っていることがありました。リスト活用しきれておらず、実にもったいないなと思います。

LINE公式アカウントのみの利用だとシナリオの設定ができなかったり、セグメント配信がうまくできないのですが、UTAGEでは、1つのLINE公式アカウントだけで、複数のシナリオを同時に送信することができます。また、その後の運用管理を考えると、1つのLINE公式アカウントだけを有料プランにして、キャンペーンや属性それぞれに別のシナリオを送る運用に変えるのがおすすめです。

すでにLINE拡張ツールを使っている場合

UTAGEはメールマーケティングを主軸としたファネルビルダーで

す。個人的にはLINEマーケティングに必要な機能は十分あると感じていますが、高度で精密なLINE拡張ツールをご利用の場合に、機能が物足りないと感じることがあるかもしれません。

なお、国内でいくつも存在するLINE拡張ツールそれぞれに互換性がないシステム設計になっているため、LINE拡張ツールに保存されている姓名やメールアドレス・電話番号などの顧客情報や、タグ付けなどのデータは別サービスには移行できません。大元のLINE公式アカウントそのものにLINE友だち情報だけはあるので、LINE公式アカウントを別ツールでも再利用できる、というだけです。

すでにLINE拡張ツールをお使いの場合、別のシステムに連携し直すと、既存友だちへのメッセージ送信をどうするかという「LINE友だちリストの移行問題」が生じるため、友だち数が多い場合は、元のLINE拡張ツールはそのまま使って、UTAGEではLP作成やメールマーケティングのみ行うという運用をされている方も多いです。

いずれは、自動化されたセールスファネルを別LINE公式アカウントを使ったUTAGE上に作るようになると思いますが、キャンペーン毎に、徐々にUTAGEでのメール・LINE運用に寄せていく形がおすすめです。それでも既存の公式LINEで運用したい場合は、2章-5で詳しくお伝えしています。

すでにメルマガ配信スタンドを利用している場合

すでにメールマーケティングを長年やっていて、メルマガが稼働している場合、メルマガそのものをUTAGEに載せ替えるのはおすすめしていません。移行可能なメルマガスタンドが限られていることと、移行に際して膨大な手作業が発生すること、そして、UTAGEはあくまでもファネルビルダーであり「ステップ配信で相手に届くこと」に最適化されており、一括大量配信には向いていない可能性が高いのが理由として挙げられます。

　メール配信スタンドの引越は、実はかなりセンシティブなものです。
　システム移行に伴いメール配信元のメールサーバのIPが変わることで、迷惑メールを疑われて受信箱への到達率が下がること、そしてさらに、配信メールアドレスの独自ドメインも変わっていると、さらに迷惑メールと判定されやすいのです。結果、せっかく手間をかけてUTAGEへメルマガを引っ越ししても、メールの到達率がガクンと下がって迷惑メールボックスに入ってしまい、見込み客の目に触れないということも珍しくありません。

移行できないメルマガスタンド：
MyASP（マイスピー）、エキスパ、リザーブストック、オートビズ「なりすまし対策用アドレス」を利用していた場合

　メール配信に使っているメールアドレスの独自ドメインをUTAGEで利用設定できないことが主な理由です。これらで配信していたメルアドをUTAGEに入れて配信しても、相手の受信箱にほとんど届きません。

移行できるメルマガ配信スタンド：
ConvertKit（コンバートキット）、mailChimp（メールチンプ）、オートビズ

　これらのサービスは、元々が独自ドメインのメールアドレスを利用

することが前提となっているためメルマガ配信スタンドの引越が可能です。オートビズは「なりすまし対策用アドレス」を利用していない場合に可能です。つまりは送信先（メルマガ登録者）が携帯キャリアのメルアド以外ならUTAGEに移行できる可能性があります。

会員サイトシステムをすでに使っている場合

オンクラスやMOSH（モッシュ）、Teachable（ティーチャブル）やThinkific（シンキフィック）をすでにご利用の場合、受講者数や講義動画の数、システムに搭載されている機能の違いによって、UTAGEに完全移行するのか、UTAGEと併用するのかを決めてください。

会員サイト移行の手順としては、他の会員サイトに格納済みの講義動画を一括でUTAGEに入れ直す機能はないので、元ファイルをあなたのパソコンにダウンロードし、UTAGEにアップロードし直します。「もう400動画以上入っていて動画データの移行が困難だ」とのことでUTAGEとTeachableとの併用を選択した方もいます。

なお、海外製の会員サイトシステムであるTeachableやThinkificをご利用の場合は、UTAGEで決済があった時にZapier（ザピア）という中継システムを経由して、会員サイト側でログインアカウントを自動発行できます。

SECTION

他のLINE拡張ツールとの機能比較

ツールそれぞれに良いところがあり、それぞれの強みもあります。あなたが実現したいマーケティングフローが実現できるか「機能レベル」や「費用感」を検討して決めましょう。

機能比較一覧表

日本市場において、個人・零細企業がよく使っている代表的なLINE拡張ツールの機能比較を一覧にしました。すべてのツールに共通して存在する機能については除外しています。

■Lステップ、かんたんラインステップ、Lmessage（エルメ）、プロラインとの比較

機能	Lステップ	かんたんラインステップ	エルメ	プロラインフリー	UTAGE
リッチメニュー拡張	○ 21,780円	○	○	○	○
決済連携	○ 32,780円	○	○	○	○
登録経路／流入計測	○ 32,780円	○	○	○	○
ツール認証画面	× 認証出る	○ 認証出ない	× 認証出る	× 認証出る	◎ 選べる
フォーム	◎	○	○	○	◎
カレンダー予約	○	×	○	○	○
URL有効期限	×	○	○	○ ページで指定	○ ページで指定
効果分析	◎ 32,780円	△	○	×	△ アクセス解析
ウェビナー	× Lキャスト	◎ vimeo要	×	△	○
ページ作成	×	△	×	○	◎

機能	Lステップ	かんたん ラインステップ	エルメ	プロライン フリー	UTAGE
ダウン グレード	×	△ LINE再接続可	△ LINE再接続可	○	-
ASP	× LIGET	×	○ 29,700円～	○	○
会員サイト	×	×	×	△	○
メール配信 機能	× Lメール	×	×	×	◎

項目に金額が書かれているものは、料金プランによって機能解放されるものです。LキャストとLIGET、Lメールについてはシステム連携する意味で、別途料金が必要です。

何を基準に選ぶと良いか？

「高機能なものをできるだけ安く使いたい」のは消費者としての本音ではありますが、これまでにLINE拡張ツールの導入相談を多く受けていて感じるのは、利用者のITスキルによるところが大きいということです。いくら優れたツールでも**扱えなければ、宝の持ち腐れ**になってしまいます。実装したいマーケティングフローが、それほど複雑ではない場合や、PCが苦手な方は、使いやすさやご自身やスタッフさんが扱えるものなのかを第一に考えて、ツールを選択することをおすすめします。

SECTION

UTAGE利用前に準備するもの

UTAGEなら、利用料を支払うだけですべてのことがまかなえると勘違いされる方がいますが、そうではありません。UTAGEを始めるために、最低限用意したいものを挙げました。

UTAGEを利用する際に必要なもの

UTAGEの機能を有効利用するときに、別途必要なものがあります。代表的なものをお伝えします。

●LINE配信手数料

UTAGEではメール配信数は無制限であり、利用料に含まれていますが、LINE配信についてはLINE公式アカウント側での支払いが別途必要です。UTAGE側で無制限に配信数の設定はできますが、LINE公式アカウント側で配信上限を超えていた際に、実際にはLINEでのメッセージ配信はされません。LINE公式アカウントとUTAGEの関係性については後で詳細をお伝えします。

	コミュニケーションプラン	ライトプラン	スタンダードプラン
月額固定費（税別）	0円	5,000円	15,000円
無料メッセージ通数（月）	200通	5,000通	30,000通
追加メッセージ料金（税別）	不可	不可	～3円/通 ※2

引用：https://www.lycbiz.com/jp/service/line-official-account/plan/

●独自ドメイン取得、維持費用

UTAGEでメール配信をしたい場合に、独自ドメインのメールアドレスが1つ必要です。このため、ドメイン取得やドメイン更新にかかる費用が別途必要です。ドメイン取得したら、レンタルサーバと組み合わせて使います。すでに独自ドメインをお持ちの場合は、再利用できる場合があります。

●レンタルサーバ利用料

UTAGEで使う配信用のメールアドレスの受信箱を設置するため、別途、レンタルサーバの契約が必要です。本書では、UTAGEと相性がいいエックスサーバーをおすすめしています。

●Zoom（ズーム）有料プラン

個別相談を行うセールスファネルの場合は、別途Zoomの有料プランの契約が必要です。無料プランの場合、40分の利用制限があるためです。この他、GoogleMeetなど他のミーティングツールを使うことも可能ですが、比較的使い慣れている方が多いサービスを利用したほうが見込み客も安心です。

●Chatwork（チャットワーク）アカウント

UTAGEからのシステム通知に利用します。普段お使いのチャットワークアカウントがあるのであれば、別途、もうひとつ用意するのがおすすめです。通知に使うチャットワークアカウントは無料プランのままでよいです。

なお、よく使っているSlack（スラック）のアカウントがあるのなら、チャットワークアカウントは必要ありません。チャットワークまたはスラックのアカウントがあればOKです。

以下のサービスは、必要な時に適宜、ご利用ください。

●Canva（キャンバ）有料プラン

LPのヘッダー画像や、LINEリッチメッセージで見栄えのするデザインの画像が作りたいときに便利です。この他、ウェビナー動画に使うパワポ資料が作れたり、録画と動画編集の機能もあります。デスクトップアプリとWebブラウザ版、スマホアプリがあります。有料プランにアップグレードすると、有料のデザインを使えるようになる他、画像サイズを変更できるようになるなど使える機能が豊富になり、より便利に使えます。

●動画編集ソフト

「撮って出し」の無加工の動画は、素材として必要最低限ではありますが、途中で言い直した部分をカットしたり、画面遷移の際にトランジションと呼ばれる効果を入れたり、効果音をつけるなど、編集に手をかけることで、動画視聴者によりあなたやあなたの商品サービスの価値が伝わりやすくなります。おすすめは、利用者が多く解説動画も豊富で、なおかつ安価なFilmora（フィモーラ）です。前述のCanvaでも動画編集が可能です。

PCが苦手な方でもとても扱いやすいと人気なのが、動画に含まれる音声を自動で字幕にしてくれるVrew（ブリュー）です。スマホアプリは無料で使えて、ロゴなしで出力ができます。

講座コンテンツとしてパソコンの操作画面を収録したい際は、画面上のマウスポインタを強調表示できるDemoCreator（デモクリエイター）やCamtasia（カムタジア）の利用をおすすめします。

ビジネスとは、価値をお金に換えることです。価値を生み出すのに、労力や知識、ITスキルなどを使って目に見える形で表現することが必要ですので、労力を下げてより価値の高いコンテンツを作るためにも適切な設備投資をしてください。

CHAPTER

2

UTAGEの
初期設定

2

SECTION

配信用メールアドレスを準備しよう

UTAGEでメール配信する際は、あなたが所有する独自ドメインのメールアドレスが最低でも1つ必要です。その他、必要なものと設定についてお伝えします。

UTAGEからのメール配信に利用できないメルアド

UTAGEを使ってメール配信するときに、独自ドメインのメールアドレスが最低1つ必要です。

●差出人メールアドレスとして使えないもの

@gmail.com、@yahoo.co.jp、@yahoo.com、@aol.com、@icloud.com（me.com、mac.com）、各携帯キャリアのメールアドレス（docomo.ne.jp、au.com、ezweb.ne.jp、softbank.ne.jp、i.softbank.jp、vodafone.ne.jp、rakumail.jp、yahoo.ne.jp、uqmobile.jp等）

これらのメールアドレスをメルマガの配信元に利用しても、迷惑メールと判定されて見込み客の受信箱には届きません。見込み客の受信メールサーバであらかじめ消されてしまって、迷惑メールボックスにも入らず、まったく存在がわからないこともあります。

また、メールアドレスが送受信できる状態であることも重要です。独自ドメインの設定さえしておけば、UTAGEで配信元メールアドレスとして利用できる仕組みになっていますが、見込み客や顧客からのメール返信があった場合に、受け止めるメールアカウント＝受信箱がなければ、届かなかったメールとして見込み客や顧客に通知返信されます。これは、あなたの信用を失い、顧客離れの原因になります。必ず、**配信に使うメールアドレスは、メールを送受信できる状態にして**おいてください。

エックスサーバーでメールアドレスを新規作成する

これから独自ドメイン取得したり、レンタルサーバを契約される方は、XServer（エックスサーバー）の利用を強くおすすめします。他の独自ドメイン取得（レジストラ）サービスで取得したドメインであっても、エックスサーバー上で運用し、メールアドレスの受信箱を設置しておけば、UTAGEを独自ドメインで運用する設定ができるからです。

●メールアドレスの新規作成をする

すでに利用中のメールアドレスがあれば、そのまま再利用してもよいです。

なお、エックスサーバーを新規契約してすぐにメールアドレスを作りたい場合は、無料期間中であっても有料契約に変更しておく必要があります。

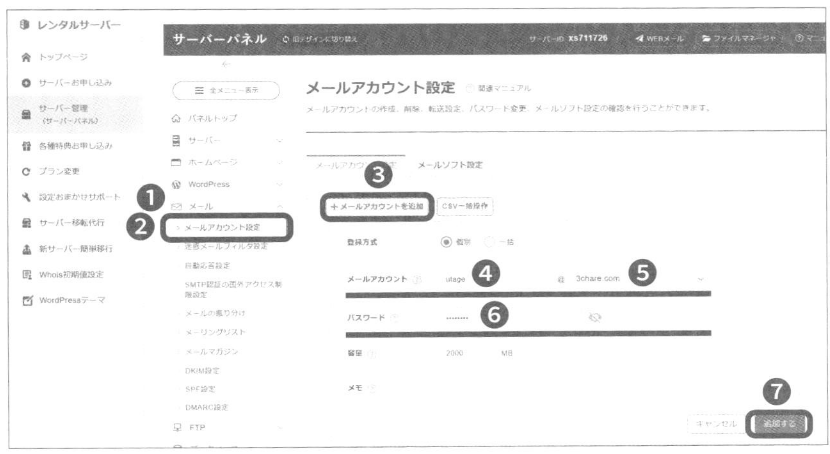

サーバーパネル（新画面）＞①メール＞②メールアカウント設定＞③白「＋メールアカウントを追加」ボタンを押す

④メールアカウント欄に入力し、右項目で⑤独自ドメインを選択してください。⑥パスワードは、メールソフトの送受信設定する際に必要なので、メモなどして控えておいてください。最後に、⑦青「追加する」ボタンを押します。

●メールサーバ側のSPF/DKIM/DMARC設定しておく

エックスサーバーで独自ドメインを取得していた場合は、レンタルサーバ側でのSPF設定は完了しています。Gmailでメールの送受信する予定の場合は、Gmail許可に設定変更します。

サーバーパネルメニュー①「メール」＞②SPF設定画面を開き、③Gmail許可を青「ON」に変更。自動保存される

●DMARC設定をする

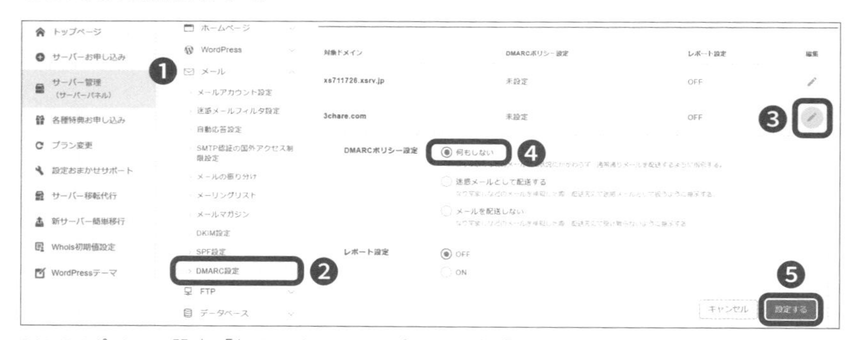

DMARCポリシー設定「何もしない」、レポート設定「OFF」を選択して、青「設定する」ボタンを押す

●メールの送受信方法

基本的には、エックスサーバーにあるWebメール機能を利用してください。メールを受信したことがわかりづらいので、別のメールアドレスに転送設定することもできますが、このときの転送先をGmailには設定しないでください。

Gmailはメール転送を受け止めるのに適しておらず、自分のGmailではちゃんとメール受信できているのに、送信元のメールアドレスには到達エラーとしてメール通知されるケースが多いです。

●Webメールへのアクセス方法

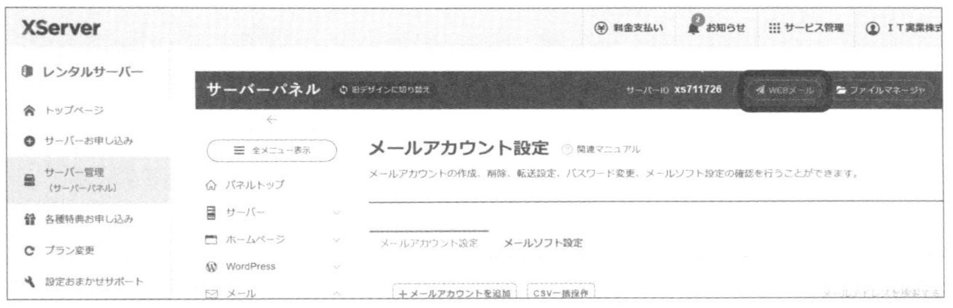

サーバーパネルメニュー「メール」＞メールアカウント設定＞右上黒いメニューの「Webメール」をクリック

別のブラウザタブでログイン画面が開きます。

さきほど作成したメールアカウントとパスワードを使って、紫「ログイン」ボタンを押す

さらにもう一度、青「WEBメールにログインする」ボタンを押す

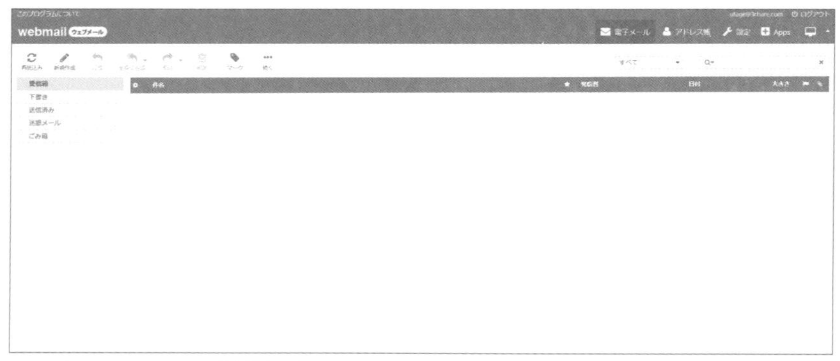

この画面で、メールの送受信ができる

Gmailでメール送受信できるようにする

配信に使う独自ドメインのメールアドレスをGmailのいつもの画面で送受信できるようになる方法を解説します。ポイントはSMTP/POP3を利用すること。くれぐれも、エックスサーバー上のメールサーバ設定で、お使いのGmailアドレスへの転送設定はしないでください。

●Gmail管理画面

①右上の歯車マークから、②「すべての設定を表示」を選ぶ

上部メニューの③「アカウントとインポート」を選び、他のアカウントのメールを確認欄にある④「メールアカウントを追加する」リンクをクリック

別窓が開きます。

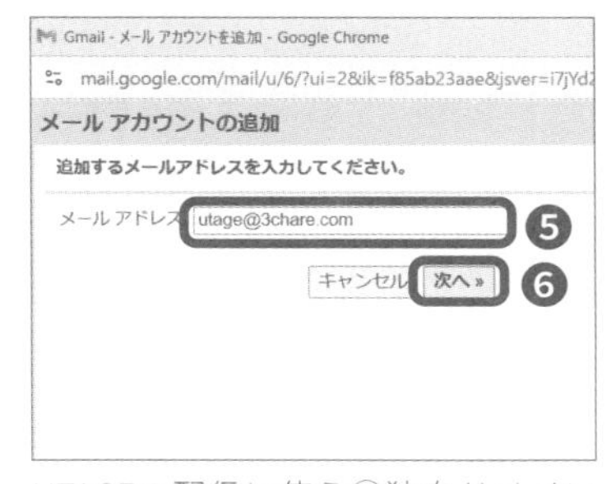

UTAGEの配信に使う⑤独自ドメインのメールアドレスを記入し、⑥「次へ≫」ボタンを押す

他のアカウントからメールを読み込む（POP3）を選んで⑦「次へ≫」ボタンを押す

Gmailでの受信設定

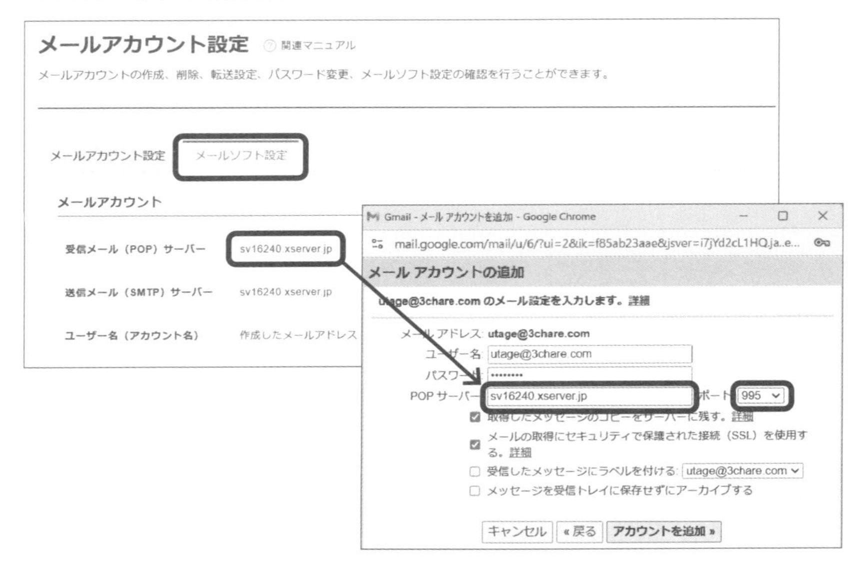

❶ユーザー名にはUTAGEの配信に使う独自ドメインのメールアドレスを入力
❷パスワードはメールアカウントを作成したときのパスワードを入力
❸POPサーバー欄は、エックスサーバー管理画面のサーバーパネル＞メール＞メールアカウント設定画面上部の「メールソフト設定」タブにある受信メール（POP）サーバーに表示してある、あなたが契約しているメールサーバ名を入力
❹ポート番号は「995」を選ぶ
❺取得したメッセージのコピーをサーバーに残すにチェックをつける
❻メールの取得にセキュリティで保護された接続（SSL）を使用するにチェックをつける。最後に「アカウントを追加≫」ボタンを押す

ポート番号は、あくまでもエックスサーバーにおいての番号です。他のレンタルサーバをご利用の場合は各社のマニュアルをご確認ください。

●Gmailから送信できるようになる設定

「メールを受信できるようにします」にチェックをつけて「次へ≫」ボタンを押す

名前を入力し「エイリアスとして扱います」はチェックをはずして、「次のステップ≫」ボタンを押す

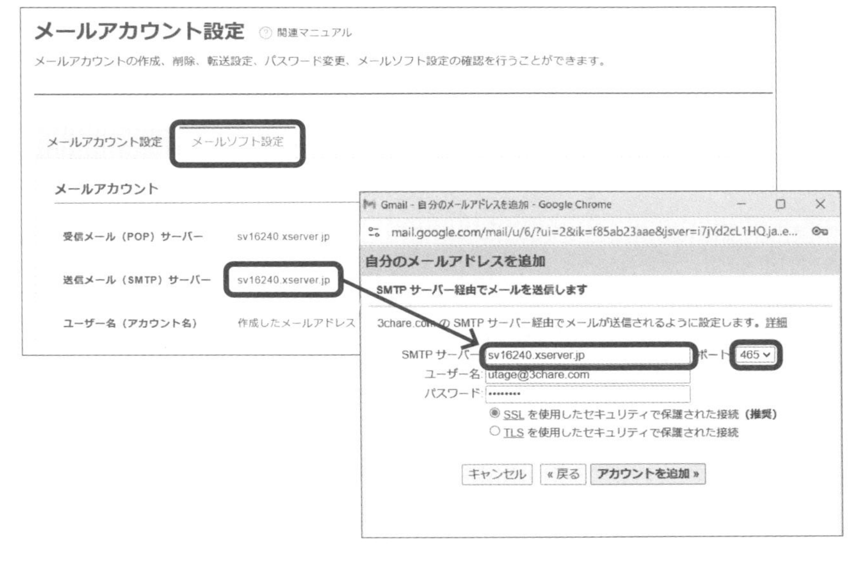

❶SMTPサーバー欄には、エックスサーバー管理画面に表示されている「送信メール（SMTP）サーバー」に表示されているものを入力（さきほどのPOP3と同じ）
❷ユーザー名にはUTAGEの配信に使う独自ドメインのメールアドレスを入力
❸パスワードはメールアカウントを作成したときのパスワードを入力
❹ポート番号は「465」を選択
❺SSLを使用したセキュリティで保護された接続（推奨）が選ばれているのを確認して、最後に「アカウントを追加≫」ボタンを押す

ポート番号は、あくまでもエックスサーバーにおいての番号です。他のレンタルサーバをご利用の場合は各社のマニュアルをご確認ください。

続いて、認証フェーズに入ります。

エックスサーバーのサーバーパネルからWebメールにログインしてください。Webメール画面へのアクセス方法は前節に解説があります。

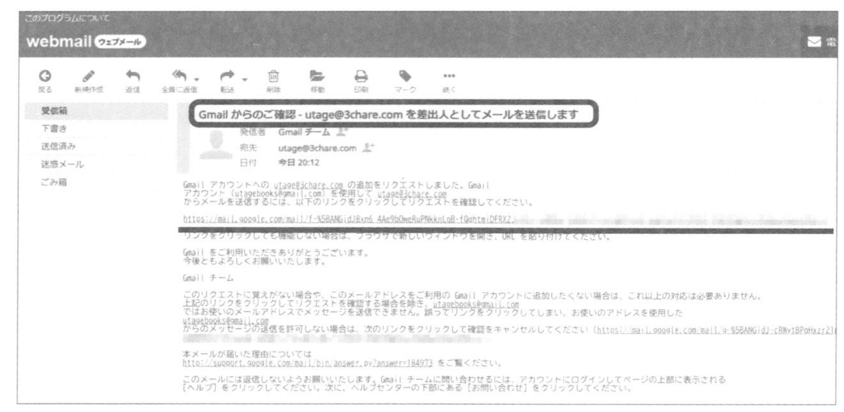

Gmailから確認のメールが来ているので、メール内に記載してあるURLをクリック

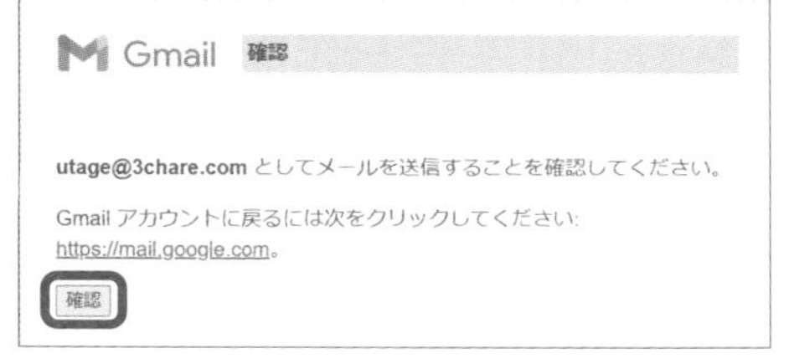

小さな灰色「確認」ボタンを確実に押してください

この画面になったら、ブラウザ（別窓）を閉じてOK

これで、Gmailが定期的に独自ドメインのメール受信箱を確認してくれて、新規メールがあれば、Gmailの受信箱に表示されるようになります。

実際のメール返信を行うのがスタッフの場合で、受信メールを管理者も受け取りたい場合は、スタッフのPC環境で上記のGmailでの送受信設定してもらい、スタッフのGmailにてあなたのGmailに対象メールを自動転送する設定をしてください。

●新規メール送信したい場合は

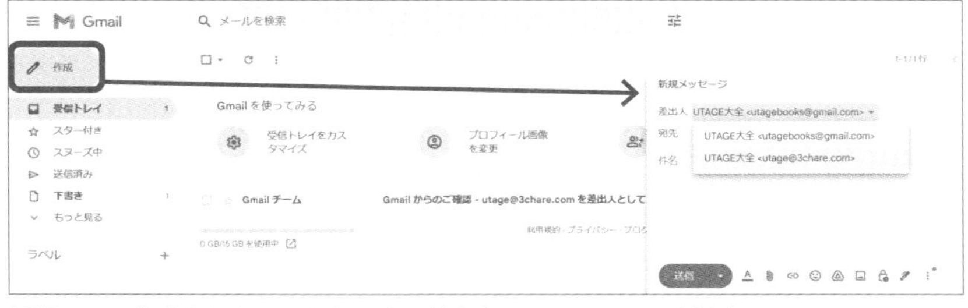

新規メール作成をしようとしたときに差出人メールアドレスを独自ドメインのメルアドでも選択できるようになっている

差出人に新たに設定したメールアドレスが表示されない場合は、ブラウザタブを再読み込みしてください。

この独自ドメインのメールアドレスを差出人として、別のGmailに独自ドメインメルアドで個別にメール送信してみて、受信側できちんと受信箱に入っているかどうかを確認してください。

送信テスト

受信側でチェックします。

届いたメールの詳細を開き、右上の縦三点（その他）メニューをクリックしたメニュー内にある「メッセージのソースを表示」を選ぶ

元のメッセージ

メール ID	<CAAPK7+rDc6qvVTbgpJWqs6wBMwei3ExJ=gDY+CLKovbi0af-Ug@mail.gmail.com>
作成日:	2024年11月19日 20:42（12 秒後に配信済み）
From:	UTAGE大全 <utage@3chare.com>
To:	@gmail.com>
件名:	新アドレスからの送信テスト
SPF:	PASS（IP: 85.131.197.181）。詳細
DKIM:	'PASS'（ドメイン: 3chare.com）詳細
DMARC:	'PASS' 詳細

「SPF」「DKIM」「DMARC」の3つがいずれもPASSになっていることを確認

項目が表示されていない場合は、「spf=pass」「dkim=pass」「dmarc=pass」でページ内検索して探してください。

FAILやSOFTFAILになっている場合や、検索しても見つからない場合は、DNSレコード設定が浸透していないだけの可能性があるので、12〜24時間ほど置いて、またGmailへの送信テストをやり直してみてください。時間を置いてもステータスがPASSに変わらない場合は、レンタルサーバ側での設定項目に抜けモレがありますので、再度、ご確認ください。

●すぐにメール受信したい場合は

約1時間を目安に定期的にGmailが自動で新着メールを確認してくれていますが、すぐにメール受信を確認したい場合は、手動で新規メールを取得します。

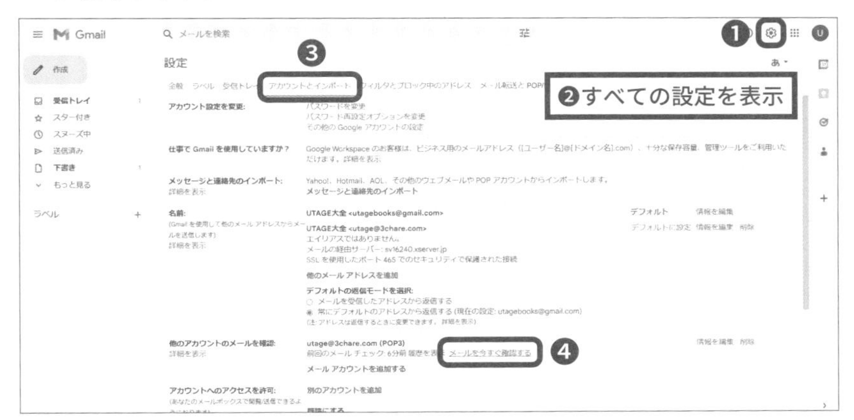

右上歯車マーク（設定）＞クイック設定：すべての設定を表示＞上部メニュー「アカウントとインポート」＞他のアカウントのメールを確認欄にある「メールを今すぐ確認する」リンクをクリック

UTAGEのサインアップ

利用プランは、月額21,700円（税込）の1つです。初回の申し込みに限り、14日間無料で利用できます。

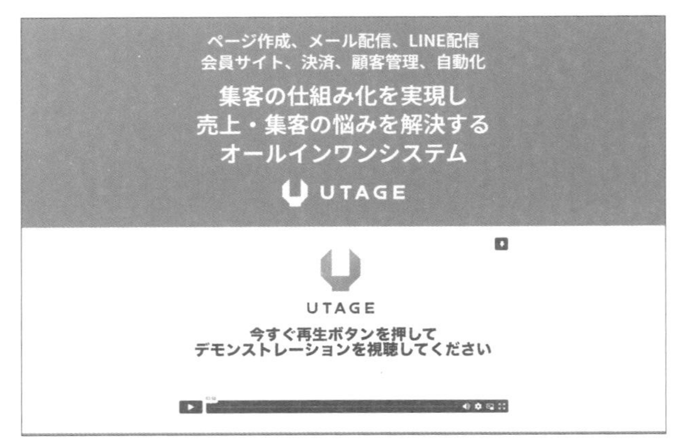

https://utage-system.com/

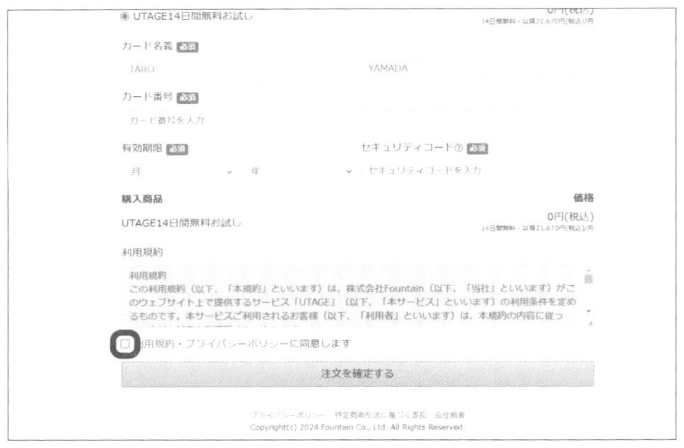

必要事項を入力して、利用規約に同意しますにチェックをつけたら、黄「注文を確定する」ボタンを押す

入力したメールアドレス宛に、メール件名「アカウント情報のご案内」でログイン情報が送られてきますので、受信箱を確認してください。もし、メールが届いていないようでしたら迷惑メールフォルダを確認するか、または、support@utage-system.comで検索してみてください。

それでも届いていないようなら、メールアドレスの入力間違いの可能性があるので、UTAGEサポートのメールアドレス宛に連絡してください。

SECTION 2-02 UTAGE

UTAGEで使う独自ドメイン設定とは？

2種類あり、メール配信に【絶対に必要】なDKIM/DMARCのDNSレコード設定と、LPやメール内のURLを変更するためのDNSレコード設定です。

DNSレコードの設定ができる／できないケース

すでに契約しているドメインレジストラやレンタルサーバがあり、関連サービスであればUTAGEでそのまま利用できるケースがあります。ですが、関連サービスではなくブランドが統一されていない場合には、UTAGEでの利用設定ができないケースがあります。これは、メールの受信箱を置いているレンタルサーバが提供しているネームサーバ機能がどこまで解放されているかによります。メールアドレスをエックスサーバーで運用している場合は、ほぼ、どのドメインレジストラを利用しても大丈夫です。

詳しい組み合わせについてはUTAGE公式マニュアルサイトにありますので、ご覧ください。

【重要】メール配信機能ご利用前に必ずお読みください

https://help.utage-system.com/archives/11504

PDFでレジストラとレンタルサーバの組み合わせ一覧表が提供されています

メール配信のためのDKIM認証

UTAGE側から独自ドメインのメールアドレスを利用してメール送信した際に、きちんとお相手の受信箱にメールが届くように、設定をしていきましょう。

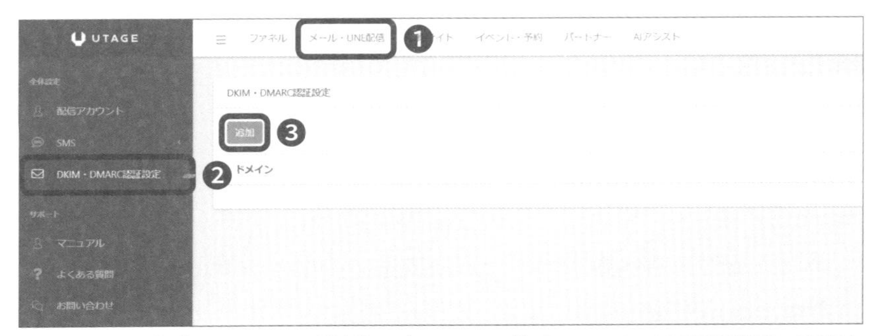

上部メニュー①【メール・LINE配信】＞左メニュー②「DKIM・DMARC認証設定」画面を開いて、緑の③「追加」ボタンを押す

URLに含まれるドメインの各部名称

あなたが保有している独自ドメインを入力します。

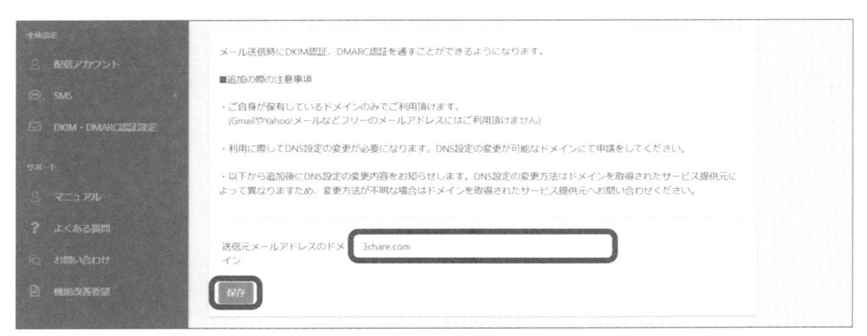

独自ドメインだけを入力。続いて、緑「保存」ボタンを押す

UTAGE
ファネル　メール・LINE配信　会員サイト　イベント・予約　パートナー　AIアシスト
全体設定
配信アカウント
SMS
DKIM・DMARC認証設定
サポート
マニュアル
よくある質問
お問い合わせ
機能改善要望

DKIM認証設定

必要なDNS設定

レコード名	レコードタイプ	値
rmutdwts._domainkey.3chare.com	CNAME	rmutdwts.utage-dkim.com

DMARC認証設定

推奨のDNS設定

レコード名	レコードタイプ	値
_dmarc.3chare.com	TXT	v=DMARC1; p=none;

エックスサーバーのDNSレコードに設定すべき値が表示される

別のブラウザタブを開き、エックスサーバーのサーバーパネルを開いておきます。上級者向けとの表示が出ますが、進んでください。

サーバーパネルメニュー「ドメイン」DNSレコード設定＞確認画面＞一覧の上部にある、白「DNSレコード設定を追加」ボタンを押す

UTAGEの管理画面に表示されているDKIM認証設定の「レコード名」については、**任意の英数字._domainkey**だけを文字列コピーして、エックスサーバーの「ホスト名」欄に貼り付けます。エックスサーバーの場合は、独自ドメイン部分がすでに入力固定となっているため、独自ドメイン部分はクリップボードにコピーする必要はありません。

UTAGEの管理画面に表示されているDKIM認証設定の「レコードタイ

プ」については、エックスサーバーでは「種別」と表記されています。セレクトボックスからCNAMEを選んで下さい。

UTAGEの管理画面に表示されているDKIM認証設定の「値」については、エックスサーバーでは「内容」と表記されています。

■DKIM認証設定の項目名対応表

UTAGE	エックスサーバー
レコード名	ホスト名
レコードタイプ	種別
値	内容

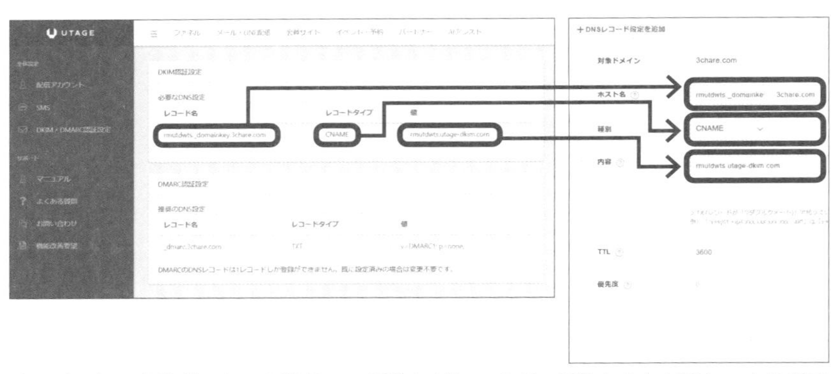

サービス毎に名称がいちいち違うので混乱しがちですが、画像をみながらしっかり設定しましょう

エックスサーバーのDNSレコード設定を追加画面で入力が終わったら、右下の青「追加する」ボタンを押してください。

エックスサーバーをご利用の場合は、DMARC設定はすでにしてありますので、新たに追加する必要はありません。DNSレコード一覧画面で「v=DMARC」でページ内検索してみて、UTAGEのDMARC認証設定と同じかどうかだけ確認してください。

サブドメインで運用する

UTAGEをあなたの独自ドメインのURLで運用するため、また、メール内のリンクURLを独自ドメインに切り替えるために、サブドメインも追加しておきます。

配信メールアドレスとメール文章内に記載されているURLのドメインが一致していることで、見込み客がなりすましメールを警戒することなく安心してリンクをクリックできますし、URLのドメインの一貫性があなたのブランディングにも貢献します。

また、いずれ、utage-system.com/やutlink.jp という文字列が含まれているだけで迷惑メール判定される未来がくるかもしれませんので、今から対策しておきましょう。

●UTAGEにサブドメイン設定する方法

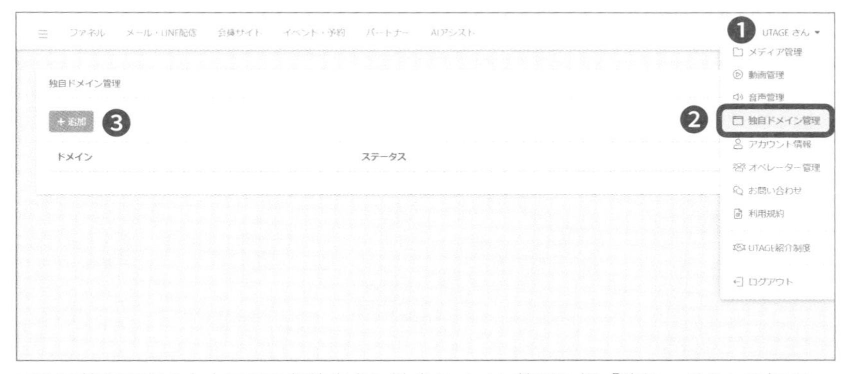

UTAGE管理画面の右上にある契約者名＞独自ドメイン管理＞緑「追加」ボタンを押す

次に、「追加するドメイン」に設定する値についてです。

URLに含まれるドメインの各部名称

● よくあるホスト名

sub／u／utg／utage

store／shop／lp／ad／info／pr／happy／joy

● おすすめのホスト名

www／join／go／get／take／do／be／have／choice／select

ホスト名なしの独自ドメインだけ（事例：3chare.com）はUTAGEには設定できません。

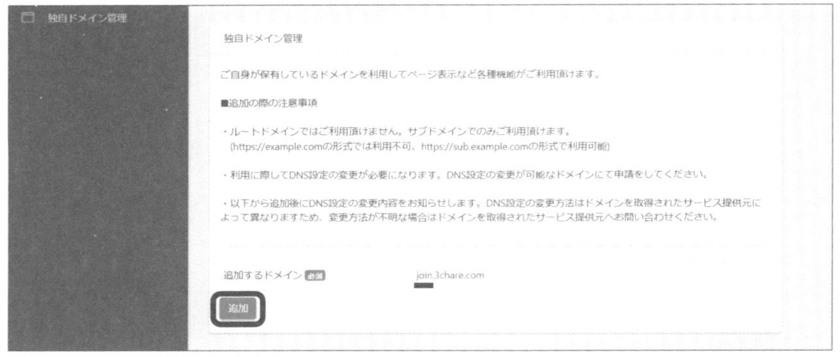

ホスト名＋独自ドメインの「サブドメイン」で入力し、緑「追加」ボタンを押す

UTAGEの画面に表示されている値を、エックスサーバーにDNSレコード設定する

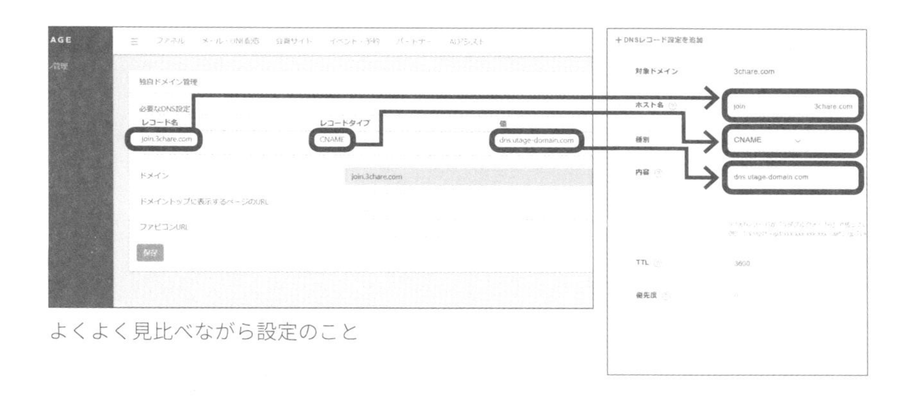

よくよく見比べながら設定のこと

エックスサーバーのDNSレコード設定画面で、青「追加する」ボタンを押したら、次に、UTAGEの管理画面に戻って、緑「保存」ボタンを押してください。

設定直後は「DNS設定反映待ち」ステータス

1時間もすると「利用可能」に変わりますので、お待ちください。

24時間経過しても、まだ利用可能ステータスにならない場合は、エックスサーバー上でのDNSレコード設定が失敗しています。この場合は、UTAGEでの独自ドメイン設定を削除して、もう一度、エックスサーバーのDNSレコード設定をやり直したあとに、また、UTAGEで独自ドメイン設定をしてください。

●いくつでも独自ドメインを設定できる

サービス毎にドメインを切り替えて事業運営している場合は、UTAGEアカウントひとつで複数の独自ドメインを並行して利用することが可能です。

URLが変わっても、ログインメールアドレスやパスワードはアカウント単位で共通です。ドメインを追加した場合は、DKIM/DMARCの設定も合わせて追加しましょう。

●UTAGEの独自ドメイン設定を削除する方法

削除したいドメインが掲載されている行の右側にある縦三点（操作メニュー）をクリックし、削除を選んでください。

このあと確認のためのダイアログが表示される

独自ドメインの設定をした後にLINE公式アカウントの連携設定をしていて、この状態でドメインを削除すると、LINE連携が切れてしまうことがあります。ドメインを削除した際は、utage-system.comからログインし直した後に、上部メニュー【メール・LINE配信】＞配信アカウント選択＞左メニュー「LINE：LINEアカウント設定」を開き、設定項目は何も変更せずに、ページ下の緑「保存」ボタンを押してください。

管理画面ログインURLを自分のドメインに変更する

UTAGEで作ったLPのURLを独自ドメインのものに切り替えられたり、メール内のリンクURLを切り替えられるのが、この機能です。UTAGE管理画面へのログインURLを独自ドメインに切り替えて、そちらから管理画面に入ることで、ファネル（LP群）で表示される内部的なURLや、メール内のリンクURLをすべて独自ドメインに切り替えることができます。

UTAGE管理画面の右上「契約名称」＞「独自ドメイン管理」画面を開きます。

ステータスが緑「利用可能」の状態になっていたら、右側の縦三点（操作メニュー）＞ログインページをクリック

別タブでUTAGE管理画面へのログイン画面が表示される

このページのURLを、ブラウザのブックマークに登録して利用してください。もともとのUTAGE管理画面にログインするときと同じメールアドレスとパスワードの組み合わせを使います。

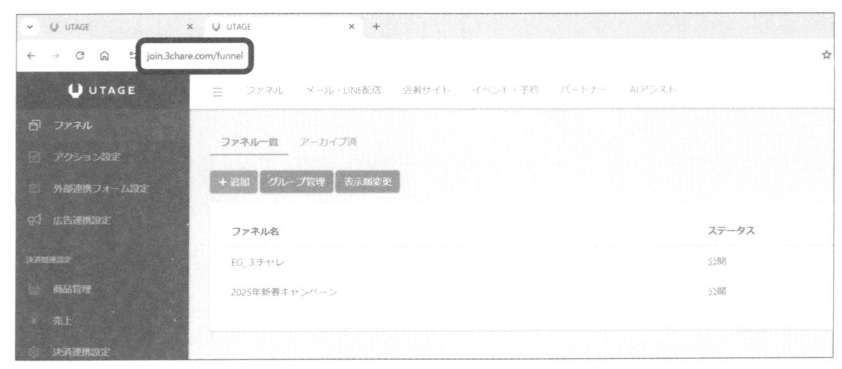

ログイン後の画面では、URLが切り替わっていても同じように操作できる

独自ドメインのログインページURLから管理画面にログインした場合に、LPなど内部的なURLがすべて独自ドメインに切り替わっています。

上部メニュー【ファネル】＞ファネル選択＞いずれかのページ選択

ログイン画面のURLを切り替えて独自ドメインでの運用をはじめても、元のutage-system.comのURLでもLPにアクセスできますのでご安心ください。すでに、オペレータ登録している担当者がいる場合は、ログインURLが切り替わったことを伝えましょう。

SECTION 2-03 UTAGE

メール・LINE配信の管理画面を知ろう

次に【メール・LINE配信】機能の管理画面や用語の説明していきます。UTAGEの【メール・LINE配信】は機能が多いので、UTAGE初心者が最低限知っておきたいことを紹介します。

メール・LINE配信の管理画面と全体構成

UTAGE管理画面では、上部に主要な機能のボタンが配置されています。初期の状態では、まだ何も登録されていません。メール・LINE配信機能を使う時は、下図の①【メール・LINE配信】をクリックして始めます。

UTAGEの「メール・LINE配信」機能を使う前提として、全体的な構成を知っておきましょう。UTAGEの「メール・LINE配信」機能では、シナリオを配信する「配信アカウント」と、それらをまとめるための「アカウントグループ」があり、その配下にメールやLINEメッセージを送るための「シナリオ」、さらに「シナリオ」をまとめる「シナリオグループ」があります。シナリオについては、4章でも詳しく触れていきますので、ここではあくまで管理画面などの説明にとどめます。

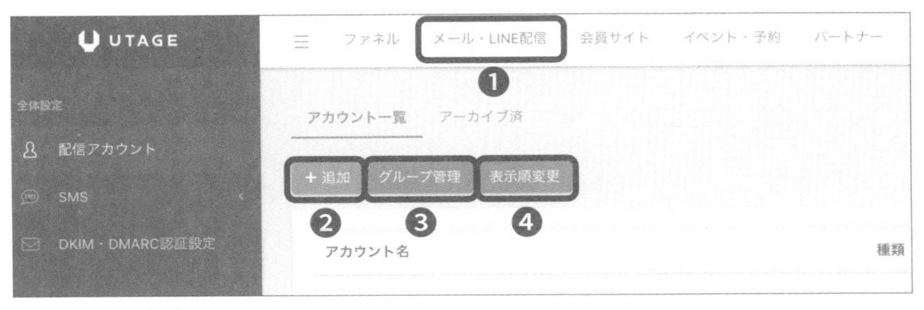

UTAGEの初期管理画面

❷「追加」ボタン

シナリオ配信管理は、配信アカウントを作成して行います。②「追加」ボタンを押すと、配信アカウントを作成できます。

❸「グループ管理」ボタン

シナリオをグループ分けして管理するための機能です。配信アカウントを作成すると、自動的に「デフォルトグループ」が作られます。詳しくは後述します。

❹「表示順変更」ボタン

配信アカウント一覧の順番を入れ替えることができます。

配信アカウントとは？

配信アカウントは、メールやLINEメッセージを送る際の「シナリオ」を管理するアカウントのことです。先ほどの管理画面の「追加」ボタンを押すと、配信アカウントを作成することができます。

配信アカウントでは、メール配信機能のみを利用する「メールのみ」とLINE配信機能のみを利用する「LINEのみ」、メールとLINE配信の両方を併用する「メール・LINE配信」といった3種類の配信アカウントを作成することができます。

●配信アカウントとシナリオの設定事例

配信アカウント①種類：メールのみ

シナリオ❶

シナリオ❷

シナリオ❸…

配信アカウント②種類：LINEのみ

シナリオ❹
シナリオ❺
シナリオ❻…

配信アカウント③種類：メール・LINE併用
シナリオ❼
シナリオ❽
シナリオ❾…

もともとの配信アカウントの種類によって、その下に作成するシナリオに設定できるメッセージの種類が制限されます。

メールのみの場合、シナリオ❶〜❸はメール、SMS、アクションのみ。

LINEのみの場合、シナリオ❹〜❻はLINE、SMS、アクションのみ。

メール・LINE併用の場合、シナリオ❼〜❾は、メール、LINE、SMS、アクションのすべてが設定できます。

なお、配信アカウントの種類「メール・LINE併用」を選んでおいて、あとから、公式LINEの設定を追加することもできます。

LINE配信を行いたい場合は、事前にLINE公式アカウントの取得と連携設定が必要です。連携設定については後ほど詳しく説明します。

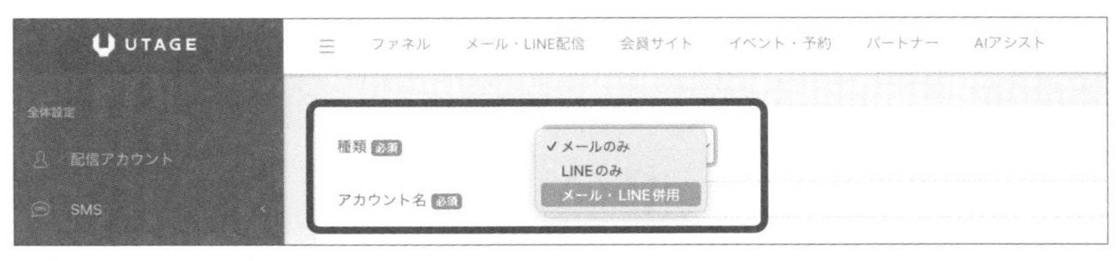

配信アカウントの追加

アカウントグループとは？

アカウントグループは、「配信アカウント」をグループ化する機能で、複数の「配信アカウント」を作成している場合に使います。グループ管理は、「グループ管理」ボタンから行えます。

シナリオ管理とは？

配信アカウントの下に作るのがシナリオです。シナリオ単位でメッセージ配信が可能です。作成数に上限はなく、グループ管理もできます。また、 1つのシナリオの中で、配信条件を使って対象者にメッセージの送り分けをするよりも、ファネルのステップごとにシナリオを分けて運用します。見込み客にオプト操作をしていただかなくても、システム側でシナリオ遷移（登録・停止）が可能です。

このため、1つのキャンペーンで複数のシナリオが必要になるのですが、これをグループでまとめて視覚的にわかりやすく管理します。

シナリオ一覧の設定サンプル

シナリオグループは、配信シナリオをグループ化したものでプロジェクトや目的ごとにシナリオを管理したい場合に活用します。

SECTION 2-04 UTAGE

シナリオ設定の基礎を理解しよう

さっそくシナリオを設定していきましょう。ここでは、ハウスリストを作ることを想定し、基本的な設定を覚えます。これから先も、シナリオを作成するたびに必要になることばかりです。

全体まとめメルマガを作る

UTAGEを契約して、初期設定が完了したらまずやってほしいのが、オプトインしたひとたちをすべてまとめておくメインシナリオ（本書では全体まとめメルマガと表現します）を作ることです。これを日刊／週刊の一斉送信メルマガとして運用します。

UTAGEではシナリオ単位でのメッセージ配信となるため、複数のシナリオに読者が分散しているとそれぞれのシナリオで配信設定をしなくてはならず、作業量が増えて面倒が増え、その分、人為的ミスも増えます。

また、見込み客が複数のシナリオに同じメールアドレスでご登録いただいている場合に、配信条件をしっかり設定しておかないと、同じ内容のメールが重複して届いてしまう事態になるため、（同じものを何通も送ってきた。スパムメールだ）と見込み客に嫌われ、登録解除や迷惑メール通報につながります。

このため、配信アカウント内の全読者に一斉配信するとき用に、1つのシナリオに全読者を集約しておきましょう。

配信アカウントはまず1つあれば十分

まずは、UTAGEの配信アカウント設定をします。

複数を作ることができますが、基本的には、配信アカウントは1つで必要十分です。

ただし、配信アカウント1つにつき、連携可能なLINE公式アカウントは1つです。これは公式LINEの制限によるものです。

このため、複数のLINE公式アカウントをUTAGEで運用したい場合は、それぞれに配信アカウントを作成します。このとき、配信メールアドレスは同一でもOKです。

なお、複数の配信アカウントを運用する場合に、配信アカウントをまたいでの読者検索やアクション実行などができない制限があります。

まずは、1つの配信アカウントで運用を開始し、事業が大きくなって、サービス毎に独自ドメインが変わるときに配信アカウントを追加するようにしてください。

配信アカウントには3種類あり、「メールのみ」「LINEのみ」「メール・LINE併用」です。後日、種類を変更することもできます。

「メールのみ」を選んだ場合は、シナリオにLINEメッセージが設定できません。LINE公式アカウントの設定は不要です。

同様に、「LINEのみ」の場合は、シナリオにメール用メッセージが設定できません。このため、LINEのみで利用の場合は、イベント機能を利用する際に自動で作られたリマインダシナリオに新規メール追加できないのと、リマインダメッセージををすべてLINEメッセージに切り替えていく作業が必要になります。

「メール・LINE併用」であれば、メールアドレスとLINE情報を統合させることができ、メールとLINEの両方でアプローチできるようになるので、とても有用です。先にメールのためのDKIM/DMARC設定だけしておいて、あとからLINEアカウントの設定を追加することもできますので、この「メール・LINE併用」タイプを選ぶことをおすすめします。

1.配信アカウントの作成

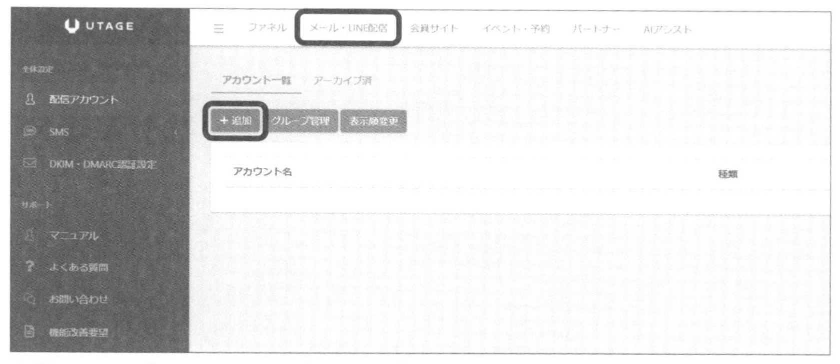

上部メニュー「メール・LINE配信」>緑「+追加」ボタンをクリック

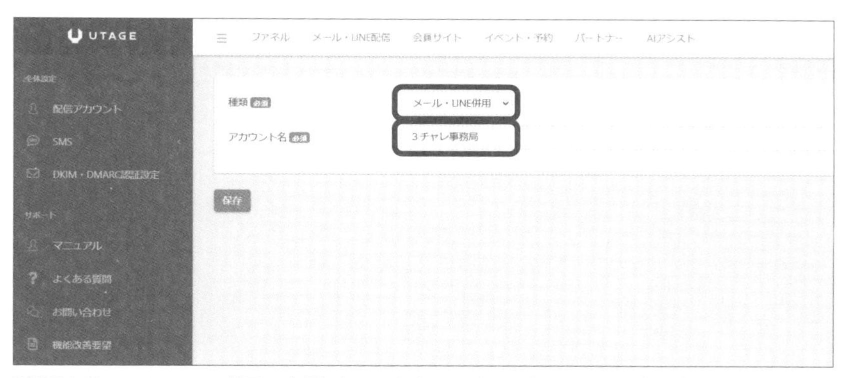

種類は「メール・LINE併用」を選び、アカウント名はプロジェクト名を記入

私の場合は、合わせてLINE公式アカウントのLINE_IDやLINE名称を記載することが多いです。管理画面内部のみの設定項目なのであなたがわかりやすいようにつけてください。最後に緑「保存」ボタンを押します。

●配信アカウントの名称変更するには

上部メニュー「メール・LINE配信」から配信アカウントが表示されている行の右端にある縦三点①「操作メニュー」をクリックして、②「編集」を選ぶ

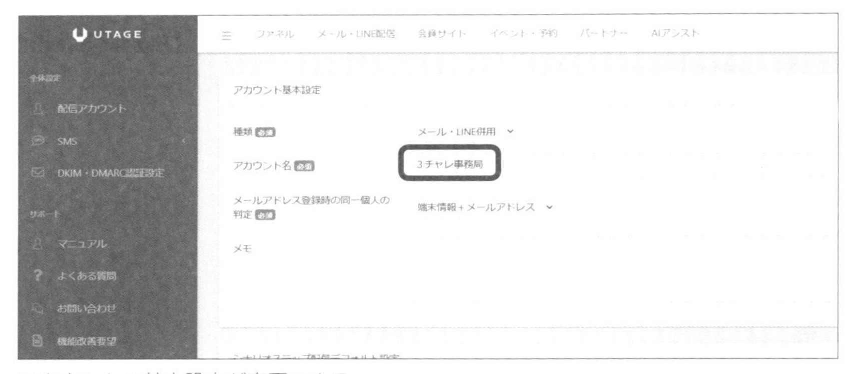

アカウントの基本設定が変更できる

「メールアドレス登録時の同一個人の判定」欄で選んでいるものが、配信アカウント内にある全シナリオの「デフォルト」設定となります。

2.シナリオの作成

配信アカウント一覧から、編集したいものの配信アカウント名の上にマウスオーバーすると灰色に変わります。この状態でクリックすると、次のシナリオ一覧画面に進めます。初期状態だと何もないように見えます。

配信アカウントをクリックするとシナリオ一覧画面に遷移する

一番上にある緑「追加」ボタンをクリックしてください。シナリオ基本設定として、シナリオグループの選択と、管理用シナリオ名が入力できます。まずはデフォルトグループのままで良いです。

管理用シナリオ名欄に「全体まとめメルマガ」と記入

もし、あなたの日刊メルマガタイトルが決まっているようであれば、メルマガタイトルを入れてください。最後に、緑「保存」ボタンを押してください。すると、シナリオ一覧画面に戻ります。

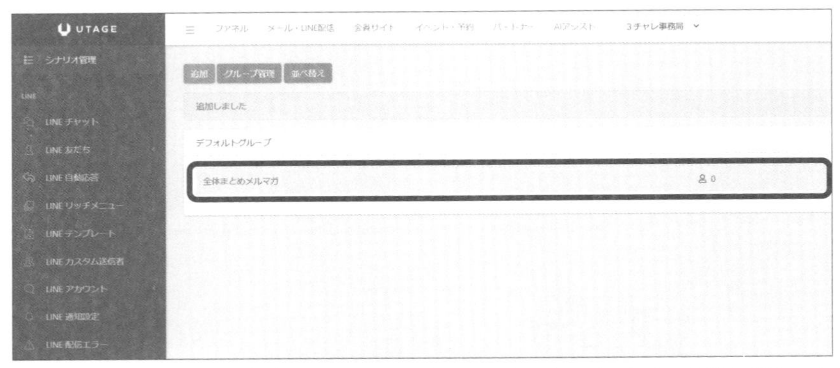

シナリオ一覧の中から、「全体まとめメルマガ」にマウスオーバーして、灰色に変わったらクリック

読者一覧ページが開く

次は、左メニューから操作をします。

3.すべてのシナリオに共通する設定

左メニューを下へスクロールしてシナリオ設定にある「登録フォーム・読者項目」画面を開いてください。シナリオ作成したときにデフォルトで設定されている項目がずらっと並んでいるのですが、下にある「項目追加」ボタンを2回押して2つ作ります。

それぞれに、すでに存在している項目名と重複はしますが、あえて「姓」「名」と名称をつけ、必ず「他シナリオ連携：する」を選び、

「フォーム利用：利用しない」を選んでください。

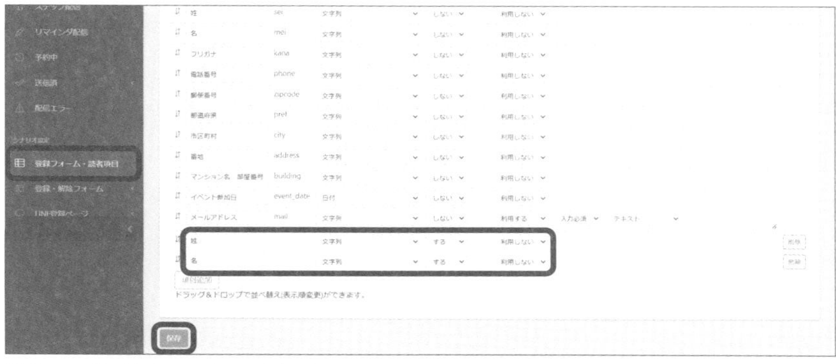

最後に、緑「保存」ボタンを押す

これは、UTAGEの利用開始当初から用意しておけばよかったとのお声をよくいただく項目です。ぜひ、ここで設定しておいてください。他にも「ニックネーム／ハンドルネーム」や各種SNSのアカウントIDを入力いただく項目などもおすすめです。適宜、取得したい個人情報に合わせて項目を設定してください。

4.差出人名やフッターのデフォルト設定をする

シナリオを開いたら、左メニューを下へスクロールし「シナリオ設定」をクリックしてください。画面が切り替わったら**右ペインを下へスクロールすると、メール設定欄が出てきます。**

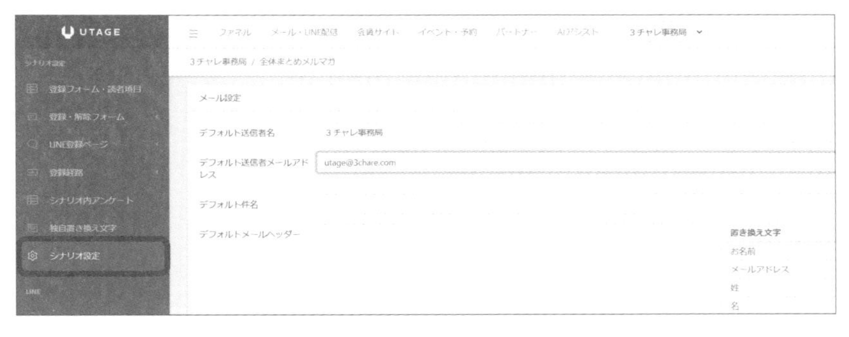

デフォルトの名がついている4つの項目は、今、設定してしまいましょう。新しいステップメッセージを追加するときに初期値（デフォルト）で設定されるのであとの作業が楽になります。

●デフォルト送信者名

メルマガタイトルや、社名・屋号・サービス名など。使用するのは漢字・ひらがな・カタカナです。たとえば、【UTAGE研究会】金城というように、サービス名と名前がひとめで分かりやすいようにするのもおすすめです。

●デフォルト送信者メールアドレス

UTAGE利用のために準備した送受信可能な独自ドメインのメールアドレスを入力します。半角英数字で入力してください。ここで、ピリオド（.）のはずがカンマ（,）を入力したり、そもそものメールアカウントを入力間違いするひとが多いのでお気を付けください。

●デフォルトメールフッター

特定電子メール法によって、**問い合わせ先と発行元（社名・窓口名称・配信担当者名など）を明記することと、メルマガの解除リンクの掲載が必須です**ので、あらかじめ設定しておきましょう。

これ以外に、「メール返信で、感想をいただけるとうれしいです」とアクションを促したり、メールアドレス変更URLも記載しておくと良いです。右側にある置き換え文字を使います。

●デフォルトURL置換ドメイン

メール文内に記載されるURLを、ご自身のドメインに変更できます。なりすましメールも多いため、差出人メールにあるドメインと同じURLを使ったリンクで見えているほうが、見込み客も安心です。

●List-Unsubscribeのヘッダー付加

メール一覧画面で、ワンクリックで購読解除できるようになる機能です。デフォルトを選択していた場合は、「購読停止」ボタンが表示されます。購入者向けメルマガの場合は、操作を間違って、うっかり解除してしまうケースもありますので「付加しない」を選んだ方がよいでしょう。

メール一覧でマウスオーバーすると「配信停止」ボタンが表示される

●メールオプトがあったときに通知が欲しい場合

メールアドレスで受信したり、Chatwork（チャットワーク）またはSlack（スラック）で通知を受け取ることができます。ですが、すべてのメルアドを集約するシナリオなので、通知が頻繁になる可能性があります。このため、全体まとめメルマガでの通知設定は必要ありません。

これ以外の用途のシナリオの場合は、適宜、設定してください。チャットワークでの通知設定は後の章で詳しくお伝えします。

右側にある「置き換え文字」をマウスでクリックすると、フォーカスがあたっているところに置き換え文字が入る

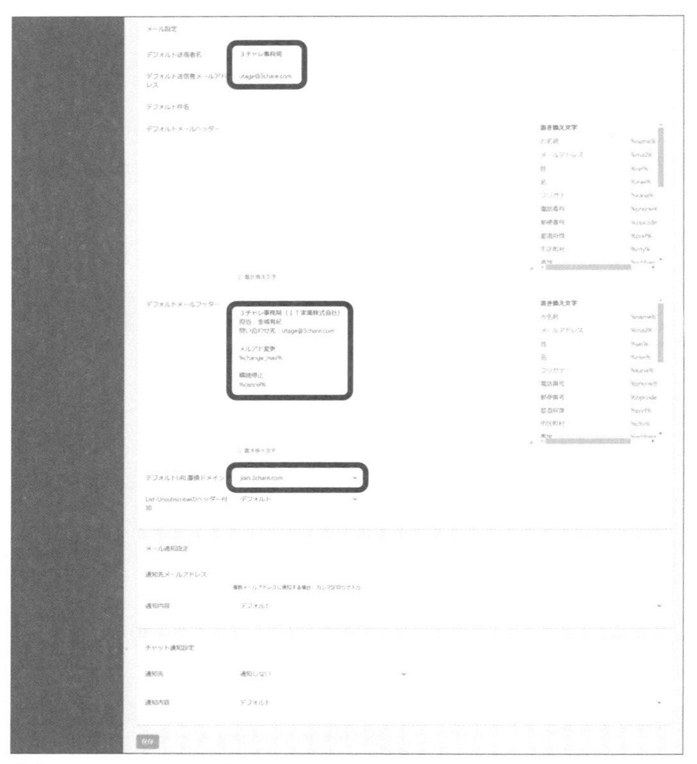

全体まとめメルマガ設定サンプル

設定が終わったら、最後に必ずページ下の緑「保存」ボタンを押してください。

なお、既存の友だちがいるLINE公式アカウントをUTAGEで運用する予定の方は、あと2つのシナリオを作っておいてください。メッセージ0通の空っぽで、シナリオ名は「連携前の友だちリスト」と「ブロック解除リスト」です。このあとお伝えする「LINEアカウント設定」のときに利用します。

5.Gmailへの到達チェックをする

ここまで、独自ドメインのメールアドレスを作成し、独自ドメインのDNSレコード設定もしてきました。最終段階です。UTAGEシステムからのメール送信で、ちゃんとGmailの受信箱に届くかどうかをチェックしましょう。

全体まとめシナリオの左メニューから「ステップ配信」を選んでください。

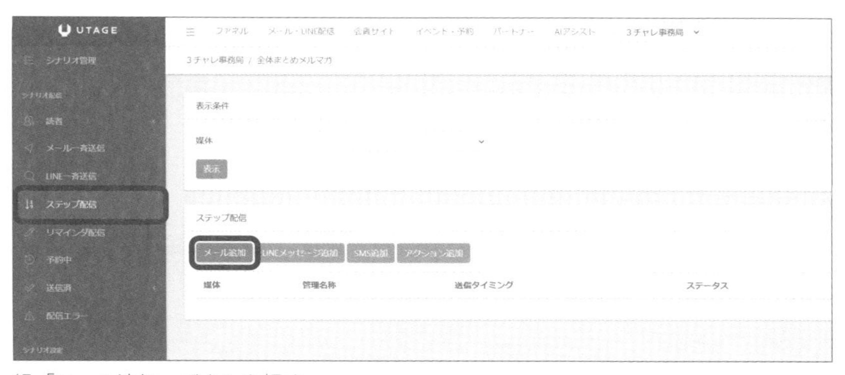

緑「メール追加」ボタンを押す

先ほどシナリオ設定したデフォルトの差出人名、メールアドレスになっているか確認してください。続いて、メール件名や本文を「テスト」で良いので入力してください。

続いて、テスト送信欄で、あなたが普段使いしているGmailアドレスを入力します。

右の青い「送信」ボタンを押す

あくまでもテスト送信のためなので、このメッセージはステップメールとして保存しなくてよいです。

続いて、別のブラウザタブを開き、UTAGEからテスト送信したGmailの受信トレイを開き、テストメールが届いているかどうかを確認してください。

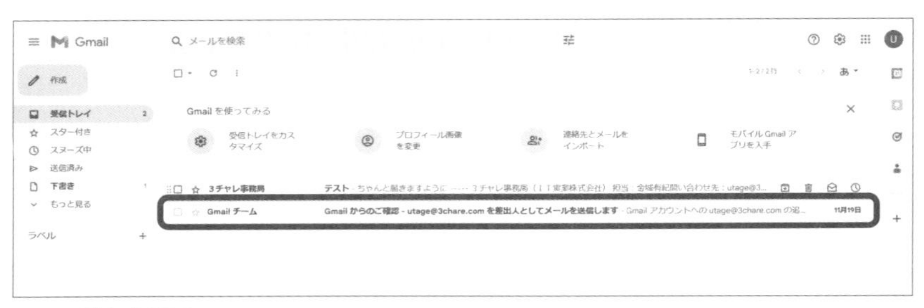

メール詳細を開く

チェック方法は、46ページと同じです。

なお、このテスト段階でSPF、DKIM、DMARCの3つともがPASS表示になっていないなら、UTAGEから見込み客にメール配信しても迷惑メールボックス行きになっていると判断していいです。また、3つともPASSになっていても、自分のGmailの迷惑メールボックス行きになっていた場合は、長く使った独自ドメインであることが原因かもしれませんので、配信に使う独自ドメインを変更することも、受信箱への到達率を上げるひとつの解決策となるかもしれません。

SECTION 2-05 UTAGE

LINE公式アカウントの準備をしよう

意外とみんな知らないLINE公式アカウントの基礎知識とUTAGEとの関係性を解説します。

LINE併用のためにUTAGEを使う

発信メディアには大きく2種類あり、SNSタイムライン（フィード）の**プル型**、メールとLINEを指す**プッシュ型**です。プッシュ型はSNSタイムラインの表示アルゴリズムに左右されることなく、配信側の都合で見込み客リストにメッセージして連絡できることが特徴です。UTAGEの登場により、**メールとLINEのどちらのプッシュ媒体も同時に使うことができるようになった**のですが、ここで覚えておいていただきたいのは、UTAGEはメールが「主」でLINE公式アカウントは「従」と考えたほうがうまくいきやすいということです。

公式LINEのアカウント停止（垢BAN）へのリスクヘッジがメールマーケティング導入のキッカケとなりUTAGEを選択された方も多いかもしれませんが、UTAGEはあくまでも、メール連絡を主としたマーケティングをするためのツールであるという認識を持っていただいた方が、ツールを最大限利用するのに何かと、納得できる部分が多いです。

ここから、LINE公式アカウントについての説明をしていきます。

LINE公式アカウントの基礎知識

●LINEの配信手数料は別途かかる

UTAGEを利用していても、LINE公式でのメッセージ配信については、別途費用がかかります。UTAGEに限らずLINE拡張ツールで共通のことなのですが、システムから、LINE運営から提供されているAPIという仕組みを使ってLINE公式アカウントを操作し、その向こうにいるLINE友だちにメッセージを送る仕組みになっています。

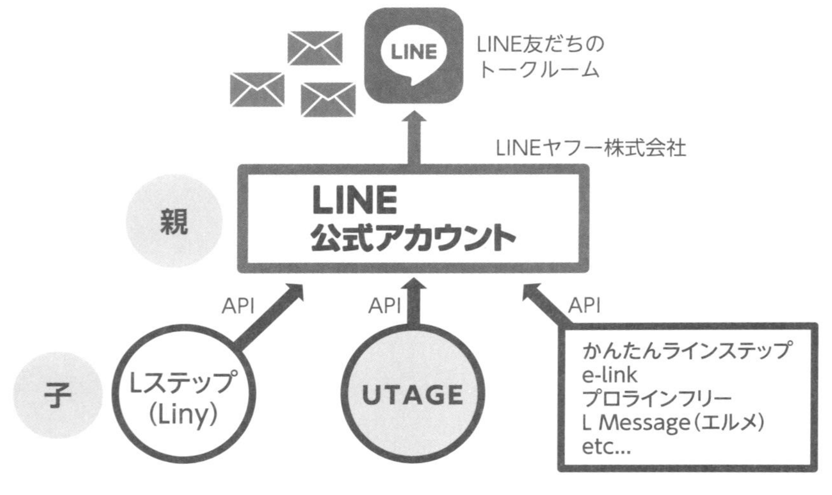

LINEのAPIという機能を経由してLINE友だちメッセージを届けているところが課金ポイント

この課金の仕組みは、年金の二階建てプランと同じです。

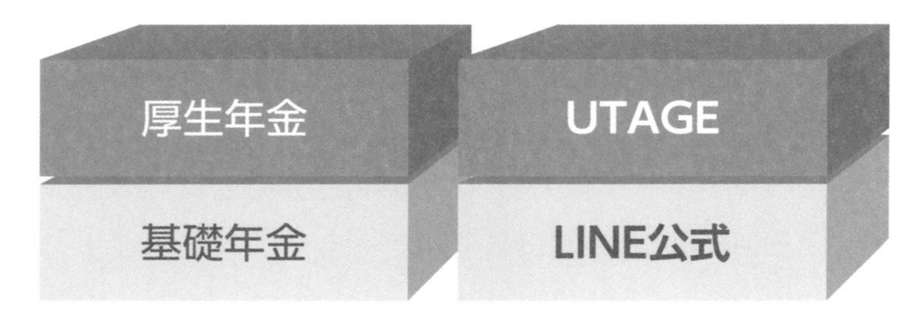

基礎年金を払っていないと厚生年金に加入できないのと同じ理屈

基礎年金にあたるLINE公式アカウントに課金して利用できる状態にしておかないと、厚生年金に相当するUTAGEからのLINEメッセージ配信機能は利用できません。

●有料カウントされるメッセージの種類
①UTAGE管理画面での「LINEチャット」機能でのやりとり
②一斉配信
③ステップ配信
④リマインド配信

公式LINEであれば個別チャットでのやりとりはすべて無料なのですが、UTAGEの「LINEチャット」機能を使うときはシステムのAPI経由するために、販売者側から送ったメッセージ1つずつが有償となります。なお、先方からきたメッセージの受信は無料です。あくまでも、販売者側からUTAGEを使ってLINEメッセージを送る時が有料カウントされることを覚えておいてください。

逆に、有料カウントされないのは、UTAGEの「LINE自動応答」機能によるテンプレート返信です。ですので、配信数を節約したい場合は、LINE自動応答機能を組み合わせると良いです。

●LINEメッセージ配信数の節約技
UTAGEでは1回のメッセージ送信で、最大5吹き出しを一気に送ることができます。同じ送信タイミングでいくつものLINEメッセージ設定をするよりも、**1メッセージで送れる最大数の吹き出しを一回で送るように設定**してください。詳しい操作方法は後述します。
あとは、1：1での個別チャットのときに、画像とテキスト文章の2つを送ることがわかっている場合は、あえてLINEテンプレートを事前に設定しておいて、画像とテキスト文章の2つの要素を1回のメッセージ配信で送れるようにまとめておき、LINEチャット機能にあるテンプレート送信の1回だけで送れるようにするのも良い方法です。

LINE公式アカウントを新規作成する方法

LINE公式アカウントマネージャ管理画面から新規作成できます。100個まで無料で作ることができます。それぞれ月200通までは無料で配信できます。

認証済みアカウント（青バッジ）について

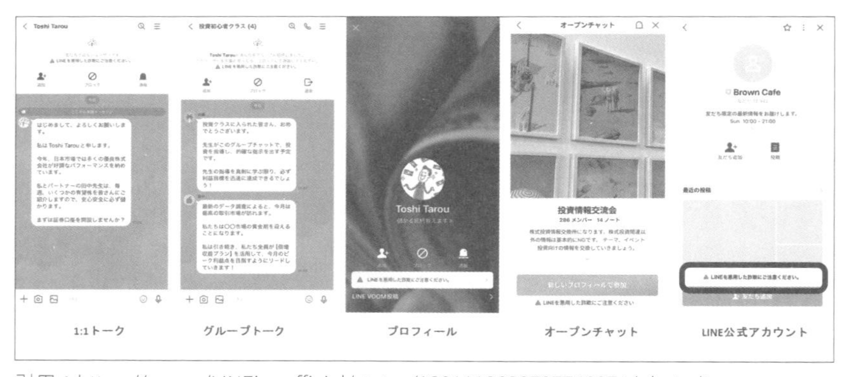

引用：https://x.com/LINEjp_official/status/1801110638707740974/photo/1

2024年6月からLINE友だち追加画面や、トークルームの上部に詐欺を注意する文言が表示されるようになりました。トークルームの表示は一度だけ右上の×をクリックしておけば、その後は表示されません。

それだけ、LINEを悪用した事件・事故が多いのだと思います。この詐欺を注意する文言を表示されないようにするための解決策が、認証済みバッジをとることです。

●認証済みアカウントになることで得られるメリット

友だち追加ボタンの上やトークルームに、詐欺を警告する文言が出なくなること、LINE広告を出稿できるようになることの他に、認証済みの場合は、既存の友だちがいる状態でLINE拡張ツールに接続した場合に、一気に友だち名が連携されてシステム上で表示されるようになります。なお、認証されたからといって垢BAN対象から外れるということは確約されていません。

●デメリット

認証審査の際に、公式LINEをどう運用しているかをLINEヤフー社の運営にチェックされますので、**禁止商品を扱っていたり、禁止商品と判断されかねない場合**など、利用規約違反している可能性があるとみなされる場合は、そのままアカウント削除になることがあります。認証申請が通るか通らないかはLINEヤフー社の内部規定によりますので何とも言えませんが、不適格と判断されたときにアカウント削除される可能性があるため、すでに多くのLINE友だちがいるアカウントを認証申請しないようにした方が良いでしょう。

この他、認証申請が通ると、プロフィール画像が変更できなくなったり、アカウント名称を自由に変えられなくなります。

●認証申請するには

LINE公式マネージャ管理画面の右上歯車マーク「設定」＞アカウント設定画面のページにある「情報の公開」欄にある白「アカウント認証をリクエスト」ボタンから行えます。

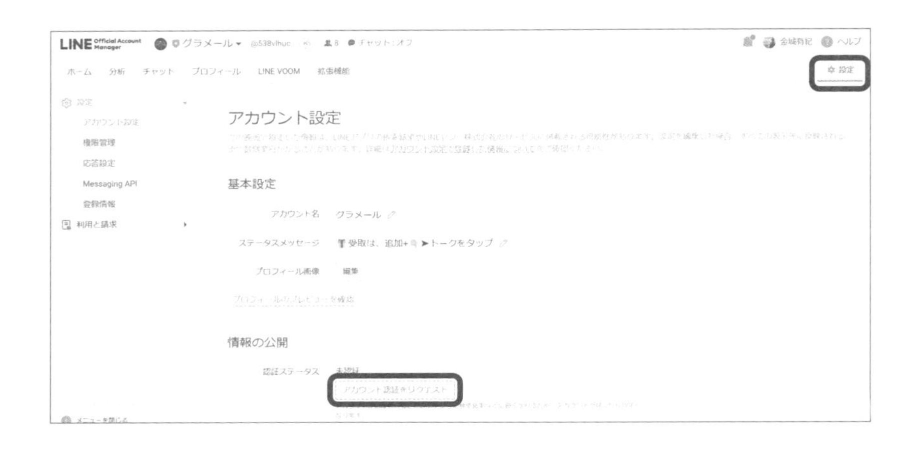

●認証審査通過のポイント

LINE公式アカウントの名称に個人名が含まれる場合は、はじめから審査対象外となっています。店舗名、会社名、サービス名、商品名のアカウントが審査対象です。比較的通りやすいのは、店舗ビジネスをしているひとです。

●お申し込みタイプ

1：店舗
2：企業・サービス・製品
3：メディア
4：公共機関・施設
5：オンラインショップ
6：Webサービス・アプリ

これらのいずれかに該当する場合は、認証申請するとよいです。審査申込直前の画面に、どういうアカウントであれば認証申請が通るのか細かく書いてあるので、あなたのLINE公式アカウントが審査基準を満たしているかどうかをしっかりと確認してから認証申請してください。

なお、認証申請したあとメールで結果通知されることが多いのですが、文面に「引き続き未認証アカウントとしてご利用下さい」とある場合は、再申請しても認証が通りません。

結果通知メール内に認証対象外となるケースについて言及がある場合は、再度、申請チャレンジが可能です。

● **参考：**認証済アカウントの審査｜審査を行う目的、認証対象外になるケースの紹介

https://www.lycbiz.com/jp/column/line-official-account/service-information/20240805/

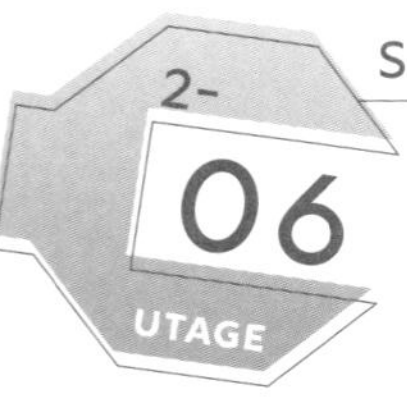

SECTION

UTAGEとLINE公式の連携設定と通知設定について

ここからは、LINE公式とUTAGEを連携させていきます。
まちがえやすいところなので、しっかり設定していきましょう。

パソコンで連携作業する

●LINE公式アカウントマネージャにログインする

スマホアプリでは設定できませんので、必ず、PCブラウザから操作してください。そして、とても重要なことなのですが、この部分は、作業スタッフに設定を任せずに、**LINE公式アカウントの有料プランを支払いする人（プロジェクト責任者）が連携設定をしてください。**稀ではありますが、作業スタッフが離職した時に、LINE公式アカウントの管理者権限が行方不明になる事態が起きて、公式LINEが扱えなくなる人為的な事件が起きることがあるためです。

LINE公式アカウントマネージャ管理画面にアクセスし、UTAGEに接続したいLINE公式アカウントの詳細画面を開きます。右上の歯車マーク「設定」をクリックし、画面が切り替わったら、左メニューの「MessagingAPI」をクリックしてください。

LINE公式アカウントを新規作成した場合は、ステータス：未利用と表示されています。

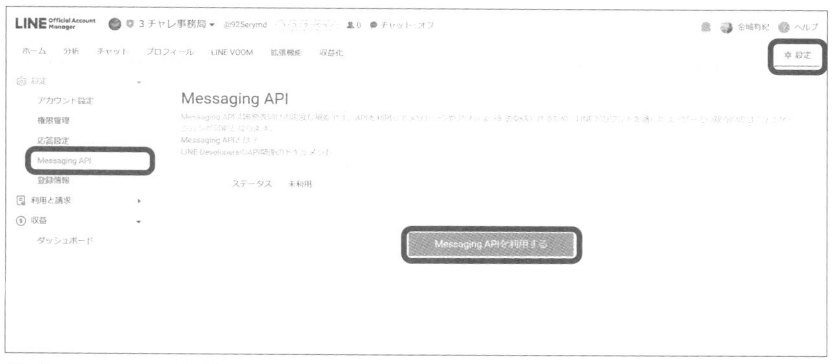

緑「MessagingAPIを利用する」ボタンを押す

初めて、MessagingAPIを利用する際は、開発者情報の入力画面になります。お名前と存在するメールアドレスを入力してください。

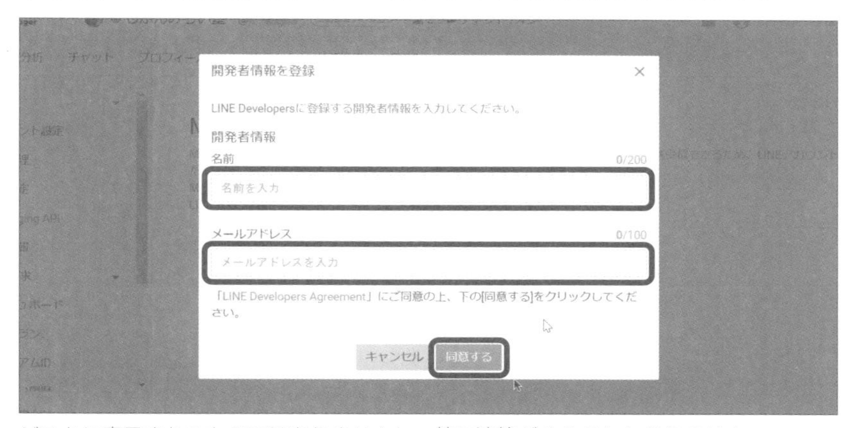

どこかに表示されるものではありませんし、特に連絡がくることもありません

続いて、プロバイダーの設定画面です。過去に、他のLINE拡張ツールをご利用になったことがある場合は、すでにあるプロバイダーを再利用することもできるのですが、**新規作成することをおすすめ**します。

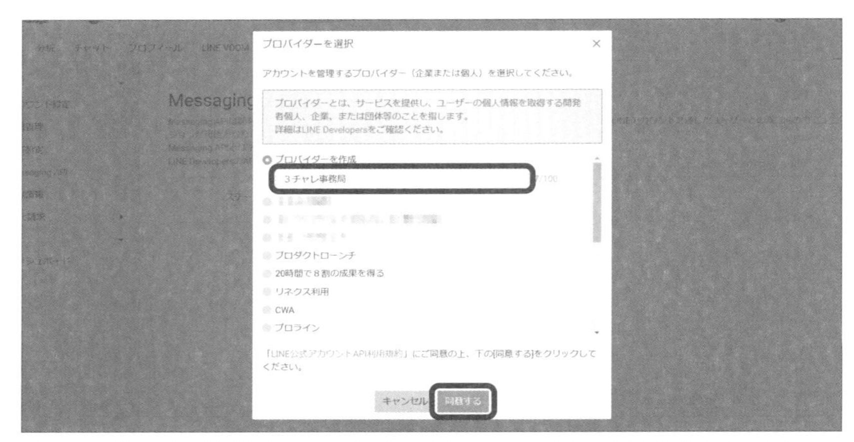

プロバイダーを作成を選び、キーボードから入力して、右下の緑「同意する」ボタンを押す

なお、プロバイダー名は、LINE友だち追加画面（LINEプロフィール）の下部、LINEIDの上に薄い文字で表示されます。お名前、社名・屋号、商品サービス名やプロジェクト名などをつけると良いです。後から変更できます。

プライバシーポリシーと利用規約のURL入力は任意です。

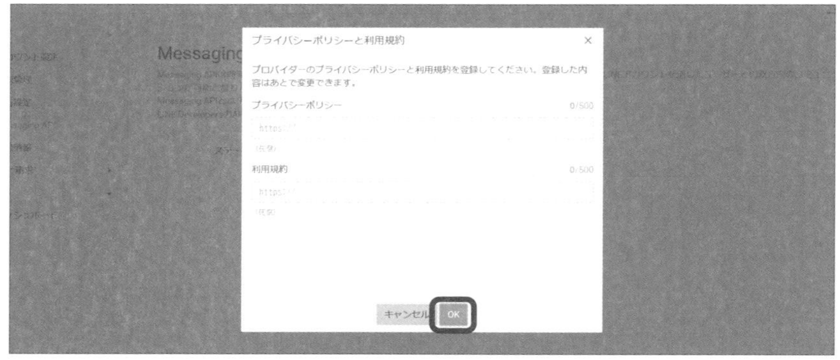

あれば、入力。なければ空白のままでよい。右下の緑「OK」ボタンを押す

確認画面が出たら、緑の「OK」ボタンを押してください。ステータ

ス：利用中となり、「ChannelID」と「Channelsecret」が表示されます。

この値をUTAGEに設定する

UTAGEに設定する

　ブラウザの別タブを開き、2章–2で設定したあなたの独自ドメインの管理画面URLからログインしてください。ログインしてすぐは、作成済みのファネル一覧ページが表示されます。続いて、上部メニュー①【メール・LINE配信】をクリックすると、設定済みの配信アカウント一覧が表示されます。マウスオーバーして灰色になったら、クリックして詳細画面に入ってください。

　続いて、左メニューの②「LINEアカウント」＞「LINEアカウント設定」をクリックします。

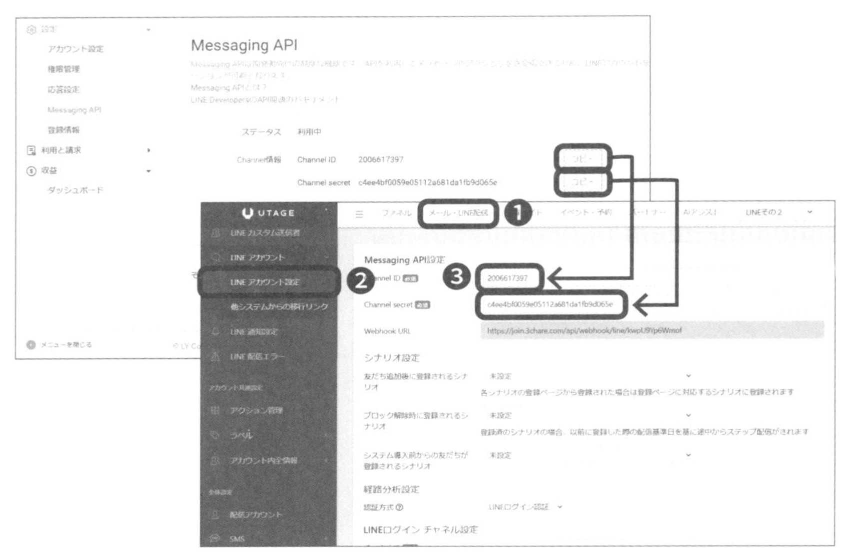

LINE公式アカウントマネージャに表示されている「ChannelID」と「Channelsecret」を、「コピー」して、UTAGEのMessagingAPI設定画面に貼り付ける

●シナリオ設定

「友だち追加後に登録されるシナリオ」は、LINE公式アカウントマネージャの「友だち追加ガイド」で発行したURLから友だち追加があった時にUTAGEから送られるシナリオでもあります。このあと解説する認証タイプを「簡易認証」「画像認証」のいずれかを選んでいた場合は、設定必須となります。なぜかというと、登録経路が不明の場合に、このシナリオが送られるようになるからです。

なお、シナリオをあらかじめ作っておかないと、この画面では設定できません。いったん、「全体まとめメルマガ」を指定しておいて、あとで設定変更してください。おすすめはリアルタイムキャンペーンのシナリオです。

「ブロック解除時に登録されるシナリオ」は、その名の通り、一度、LINE友だちにブロックされたものの、また何らかのきっかけでブロック解除された時に送るシナリオです。未設定のままでもかまいませんが、シナリオ名「ブロック解除リスト」を用意済みであれば設定しておくとよいでしょう。

「システム導入前からの友だちが登録されるシナリオ」は、既存の友だちがいるLINE公式アカウントを接続する際に設定必須です。全体まとめメルマガを作ったときに、同時に作った「連携前の友だちリスト」を指定してください。LINE友だちが自分しかいないLINE公式アカウントと接続する場合は、未設定のままでよいです。

いずれも、LINE接続設定の前に、あらかじめシナリオを準備しておかないといけないので、現段階では設定できない方も多いです。UTAGEのご利用状況に応じて、適宜、設定を追加変更してください。

●認証タイプの違い

UTAGEでは経路分析設定の認証方式は3つのうち、どれかを選ぶことができます。「LINEログイン認証」「簡易認証」「画像認証」があります。

UTAGEが利用推奨している「LINEログイン認証」を使うと、詳細かつ正確な経路分析ができるようになりますが、その反面、LINE追加ボタンを押す前に、認証画面が出るようになるので、スマホでのタップ回数が増えることでLINE友だちCV率が下がる傾向があります。

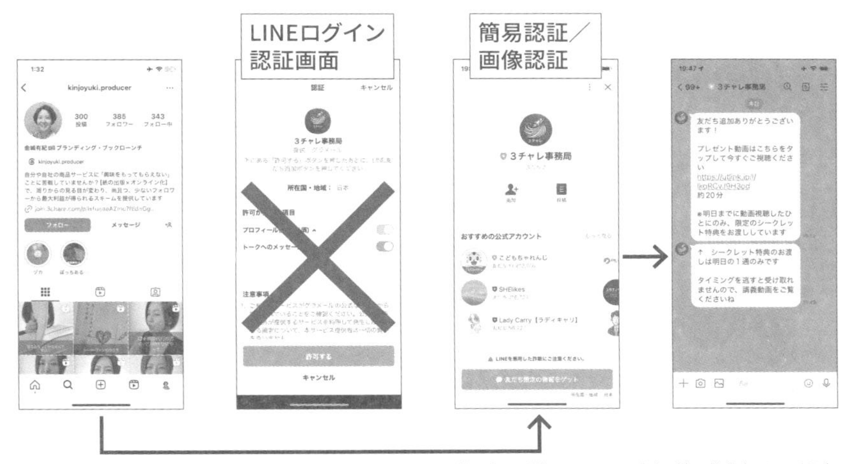

LINEログイン認証を経由することで、タップ回数が1回増え、LINE追加数が減少する傾向

「簡易認証」「画像認証」を使う場合、うまく登録経路情報を収集できないことがあります。体感ですが、LINE友だち追加の5%くらいが登録経路不明となります。ですが、1タップ少ない分、友だち追加CV率が向上し、友だち追加数が多くなる傾向があります。

●LINEログイン認証を選ぶ場合

詳細データを取得するために、Developersでのログイン認証アプリの設定が必要になります。LINEDevelopers管理画面で設定します。

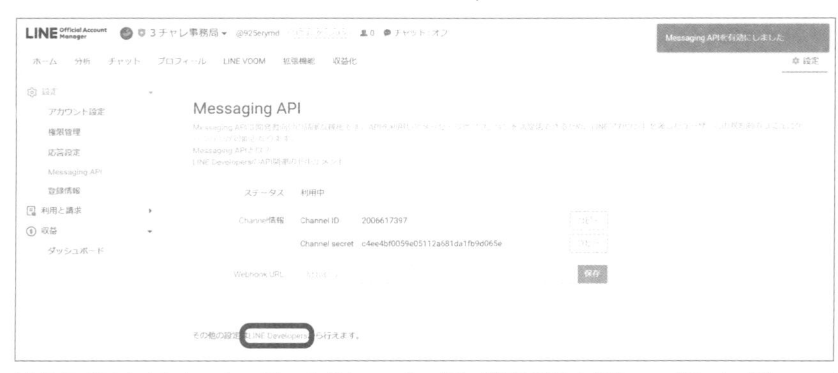

LINE公式アカウントマネージャの「MessagingAPI」設定画面の「ChannelID」と「Channel secret」の下にある「LINEDevelopers」リンクをクリック

右上の「コンソールにログイン」をクリック

左メニューのAdminまたは、右ペインの下にある「プロバイダー」一覧から先ほど作成したプロバイダーを選んでクリック

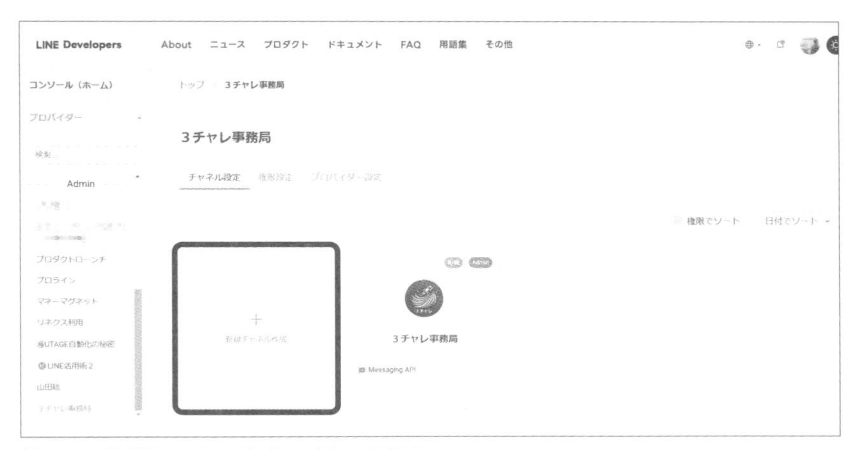

続いて、「新規チャネル作成」ボタンを押す

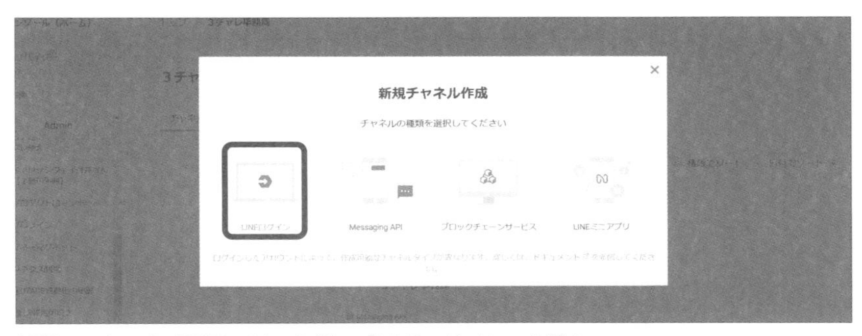

新規チャネル作成画面では、左端の「LINEログイン」を選ぶ

サービスを提供する地域

日本

会社・事業者の所在国・地域

日本

チャネルアイコン

任意項目ですが、公式LINEと同じものを設定しておくのをおすすめします。

対応ファイル形式：PNG,JPG,JPEG,GIF,BMP
ファイルサイズ：3MB以内

LINE公式アカウントでのプロフィール画像とは違い、サイズや位置調整ができませんので、もともと真四角で編集済みのものを設定してください。また、LINE公式アカウントに設定したプロフィール写真とまったく同じものを設定するのがおすすめです。

●チャネル名

LINE公式アカウントと同じ名称で良いです

●チャネル説明

必須入力項目です。おすすめは「下にある「許可する」ボタンを押したあとに、LINE友だち追加ボタンを押してください」とCTAを入れておくことです

●アプリタイプ

「ウェブアプリ」を選択

●2要素認証の必須化

灰OFF推奨です。緑ONにしていた場合、1年経過するとLINE友だち側で認証作業が必要になり、LINE追加の際の手間が増えます。

●メールアドレス

必須入力項目です。有効なメールアドレスを入力してください。特に何か連絡がくるわけではありません。

●プライバシーポリシーURL、サービス利用規約URL

任意です。あればURLを入力してください。

最後に「LINE開発者契約の内容に同意します」にチェックをつけて、緑「作成」ボタンを押します。

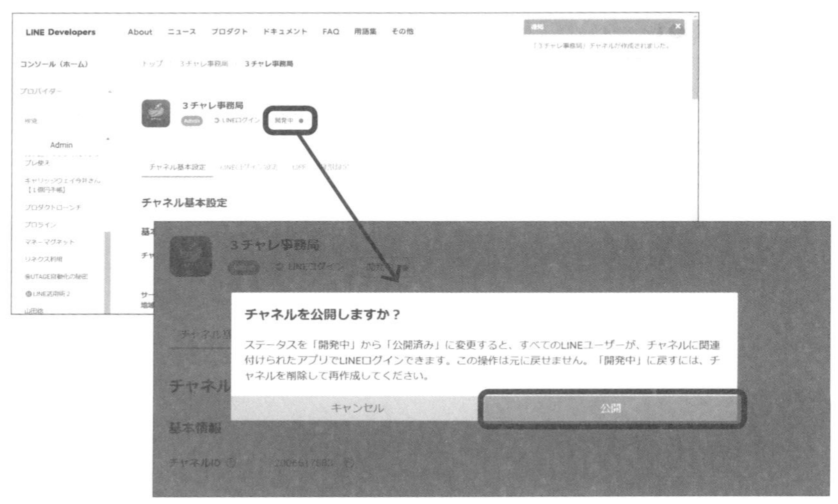

最後に必ず、ステータスを「公開」に変更

●UTAGEに設定

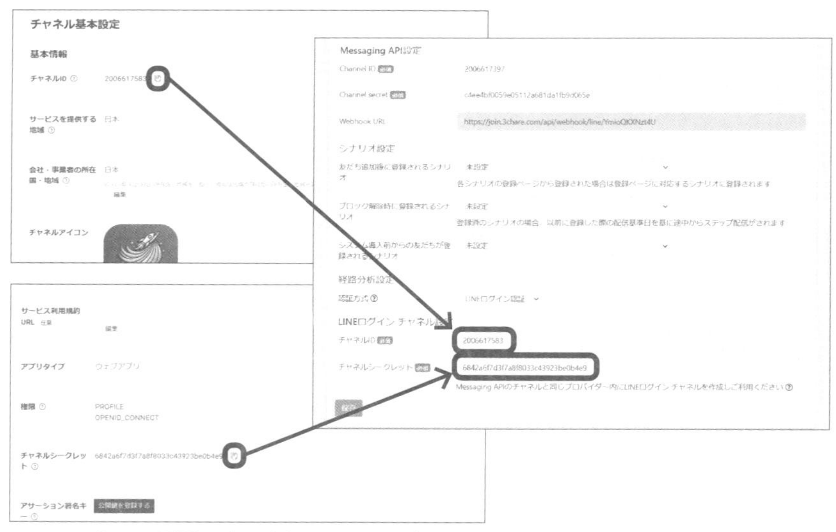

LINEDevelopers画面に表示されているチャネルIDとチャネルシークレットをコピーして、UTAGEの「LINEログインチャネル設定」に貼り付ける

最後に必ず、UTAGE管理画面ページ下の緑「保存」ボタンを押して

ください。これで、UTAGE側での設定は完了です。

●応答設定の変更

　最後に、LINE公式アカウントマネージャで、応答設定を変更します。

　LINE公式アカウントマネージャの管理画面で、右上の歯車マーク「設定」をクリックしたあと、左メニューにある「応答設定」を選んでください。

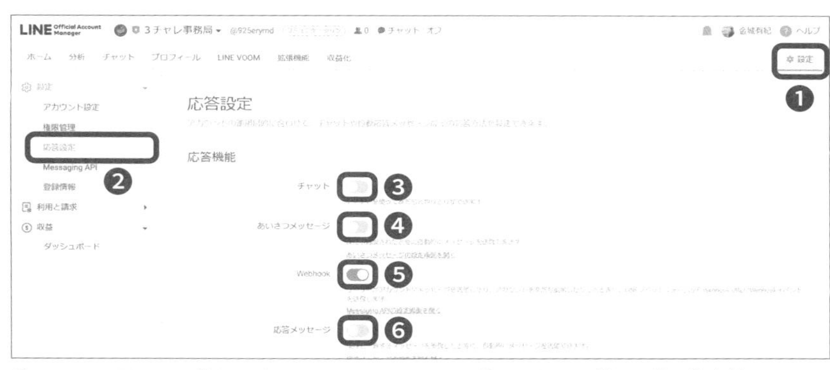

③チャット灰OFF、④あいさつメッセージ灰OFF、⑤Webhook【緑ON】、⑥応答メッセージ灰OFF

　応答設定の画面は設定変更しただけで、自動保存されます。

　LINEの応答設定にあるWebhookを緑ONにすることで、UTAGEからLINEメッセージを配信できるようになります。

●公式LINEのチャット機能は灰色OFFで運用する

　LINE公式側のチャット機能を緑ONにしていた場合、過去のやり取りが見えることはもちろんのこと、スマホのLINE公式アカウントアプリで受信通知が表示されたり、LINE通話機能が使えるようになったり、スマホアプリから可愛いスタンプで返信できたり、なにより、スマホアプリを利用したこちらからのチャット送信が無料カウントになって配信通数の節約になるなどメリットも多いのですが、弊害もあります。

一番のデメリットは、販売者からの返信メッセージがアプリとUTAGEで同期されないことです。

LINE友だちからのメッセージは、LINE公式アプリのチャットにもUTAGEのチャットにも両方表示されるのですが、**販売者側から送ったメッセージの履歴は、ツール内に限られます。**どこかで必ず人的ミスが発生しますので、返信メッセージが有償になるとはいえ、個別のチャット返信はUTAGE管理画面からに固定しておくことをおすすめします。

なお、UTAGEのLINEチャット機能を使えば、別の担当者アカウント（LINEカスタム送信者）名義でのチャット返信が可能になります。

メッセージ欄の上にあるアイコンを押すと、送信者が選べる。この機能は公式LINEにはない

●既に友だちがいる公式LINEと接続する場合は

LINE公式マネージャ管理画面で、リッチメニューを確認して削除、ステップ配信を停止してください。以前に設定したリッチメニューが表示されっぱなしになったり、UTAGEからのステップメッセージの他にも公式LINEのステップ配信も同時に送られてしまい、見込み客を混乱させてしまいます。

他のLINE拡張ツールに接続していてUTAGE載せ替えの場合も、解約前にリッチメニューを設定解除しておくのを忘れずに。

●複数のLINE公式アカウントと連携させたい場合

UTAGEでは、配信アカウントを増やすことで、複数のLINE公式アカウントといくつでも連携させることができます。ただし、公式LINEの仕様で、1つの公式LINEにつき1つのLINE拡張ツールとしか連携できない縛りがあるので、ご注意ください。たとえば、現在Lステップやエルメなど他のLINE拡張ツールで運用中の公式LINEを、UTAGEにも接続して操作することはできないということです。どれか1つとのみ連携できます。

なお、公式LINEそれぞれに別途配信手数料がかかることと、配信アカウントが増えると運用管理の手間が多くなることもあり、UTAGEでは1つの公式LINEと連携して、1つの配信アカウント下に複数のシナリオを作り、配信制御をおこなうことをおすすめします。

リスト分けのつもりで複数の公式LINEを同時に利用していた方は、UTAGE導入を機に1つの公式LINEにリストをまとめるようにしましょう。公式LINEの無料プランでは月間200通までしかメッセージ送信できませんので、どの公式LINEをメインにして育てていくのか慎重に選ぶ必要があります。一番のおすすめは、心機一転、新しい公式LINEを使ってUTAGE運用をはじめることです。

なお、利用するLINE公式アカウントごとに配信アカウントを分ける必要がありますが、配信メールアドレスはシナリオ毎に違っていても大丈夫です。独自ドメインが違うメールアドレスでUTAGEからメール送信する際は、事前にDKIM/DMARC認証設定を追加しておいてください。

SECTION

チャットワークを使って通知設定しよう

LINEからの個別チャットを受信した時以外にも、個別相談やセミナーの申し込みがあった時、商品サービスの購入があった時、もっと細かくいえば、リストインがあった時にも通知を受け取ることができます。

通知を見落とさないために…

UTAGEでは、機能によってはメールでの通知も可能ですが、主にChatwork（チャットワーク）またはSlack（スラック）で受け取ることができます。いずれもPCブラウザだけではなくスマホアプリも提供されています。

無料のままで使えて機能がシンプルでわかりやすいチャットワークのご利用をおすすめしています。なお、既にチャットワークをご利用の場合は、UTAGEシステムからの通知専用のチャットワークアカウントをもうひとつ作りましょう。というのも、ご自身の既存のチャットワークアカウントを利用して通知（チャット投稿）するようにすると、未読数字が出ないチャットワーク側のシステム仕様になっており、通知のためにグループチャットに投稿があっても既読として扱われて目に入らないので、本人がちっとも気付くことができないという事態に陥るからです。

●チャットワークアカウントの新規作成

既にご利用のアカウントがある方は、まずはログアウトしてください。続いて、アカウントを新規作成します。既にご利用の場合は、別のメールアドレスを入力してください。UTAGE配信アカウントに設定するメルアドを使うとよいでしょう。

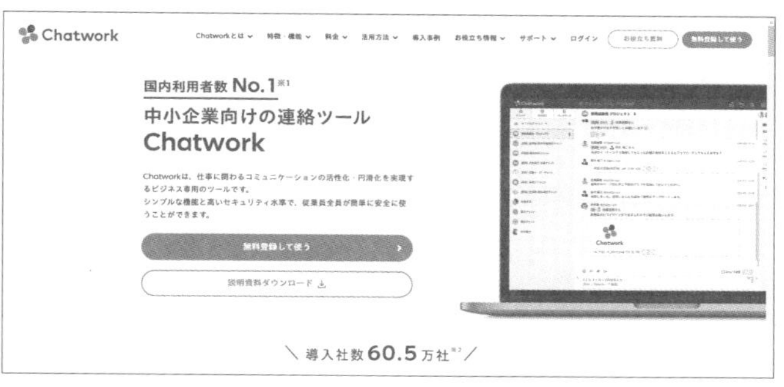

https://go.chatwork.com/ja/

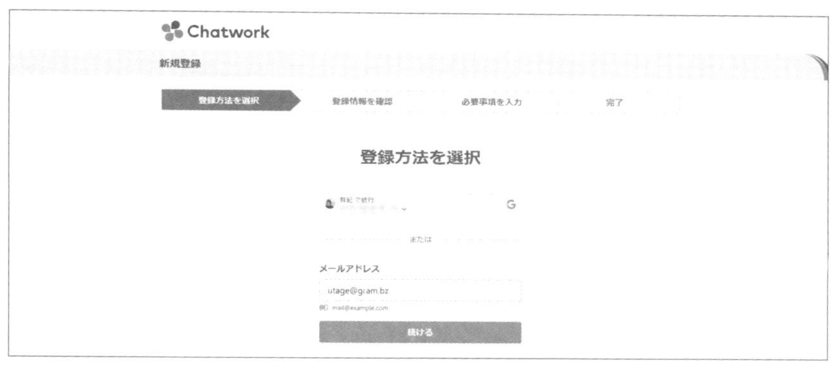

Googleアカウントかまたはメールアドレスでアカウント作成できる

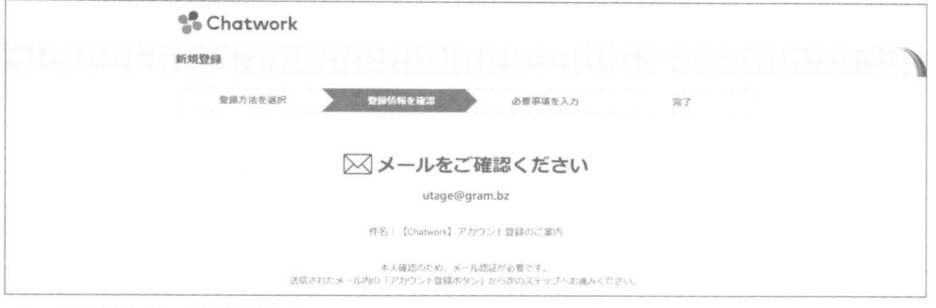

メールの場合は、認証がある

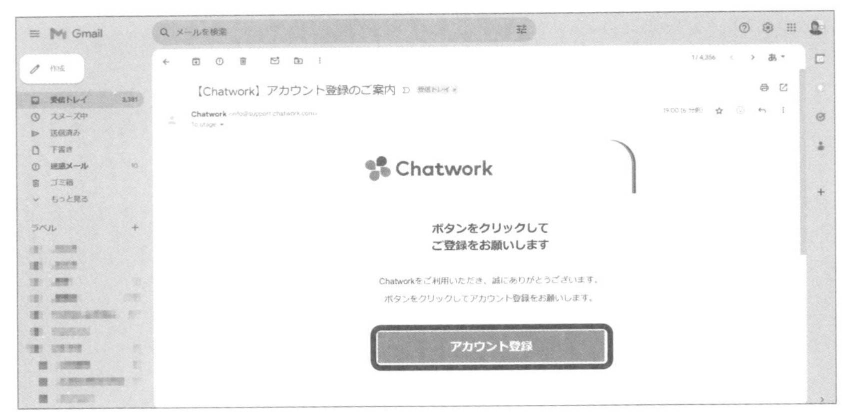

Gmailに届いたメールの「アカウント登録」ボタンを押す

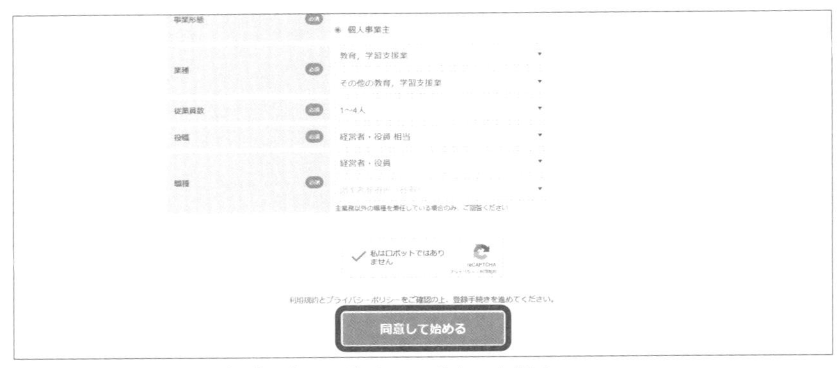

必須項目に入力し、下部「同意して始める」ボタンを押す

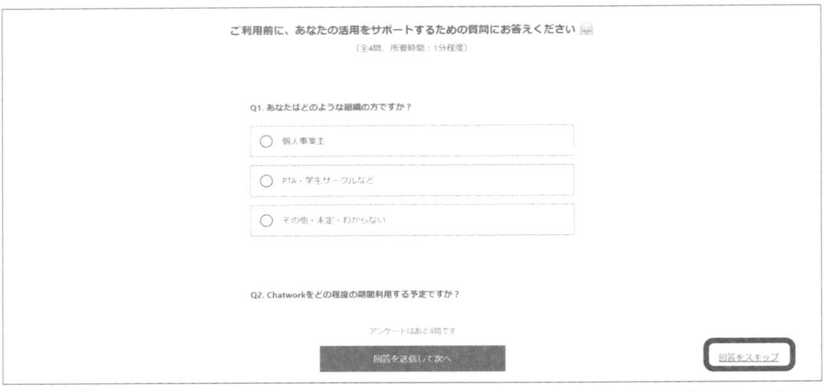

「回答をスキップ」を使うとショートカットになる。次画面にも青リンク「スキップして使いはじめる」がある

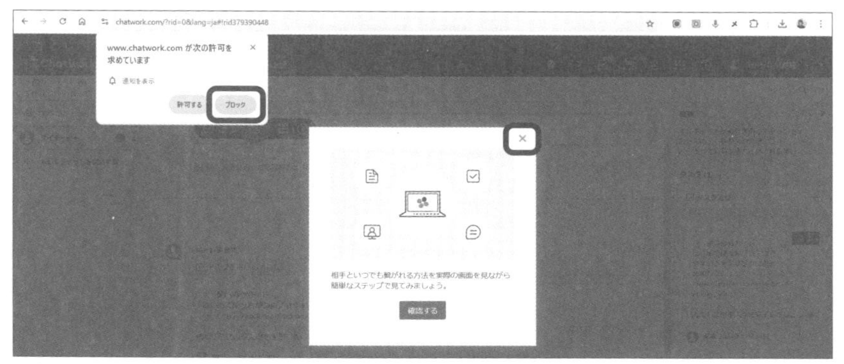

通知はブロック、ダイアログの右肩にある×をクリック

●APIトークンを取得＆手元に保存しておく

新しく作ったチャットワークアカウントの右上「名前」をクリックする。

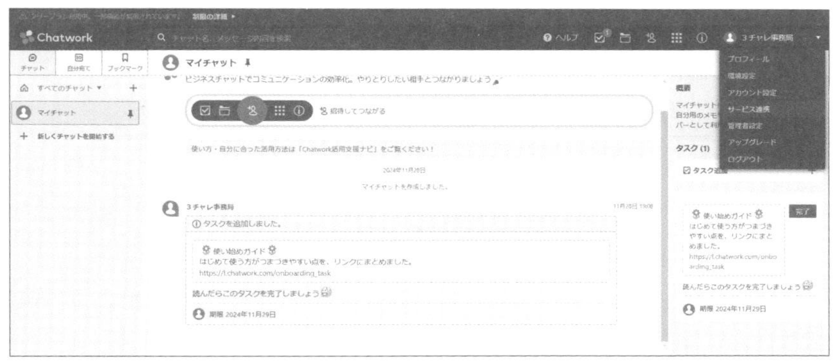

メニューにある「サービス連携」をクリック

別ブラウザタブで開きます。

左メニュー「APIトークン」画面に進みます。

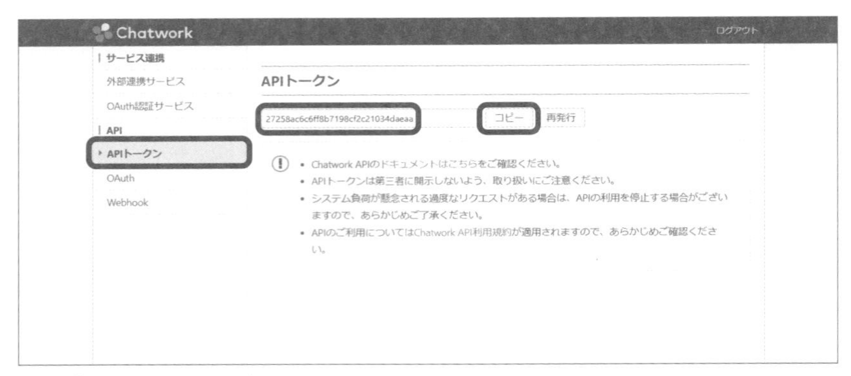

右の「コピー」ボタンを押す

なお、このAPIトークンは、ずっと何度も、通知設定するたびに再利用しますので、メモ帳などにペーストして別途保管しておいてください。

●メインアカウントへコンタクト申請する

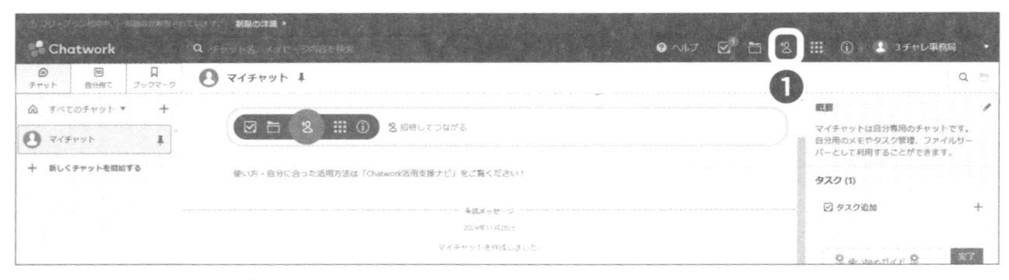

上部メニュー右側の①人型アイコンをクリック

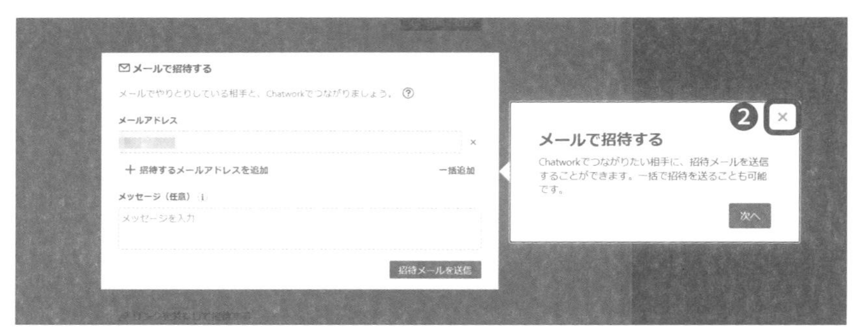

ダイアログの右肩にある②×をクリック

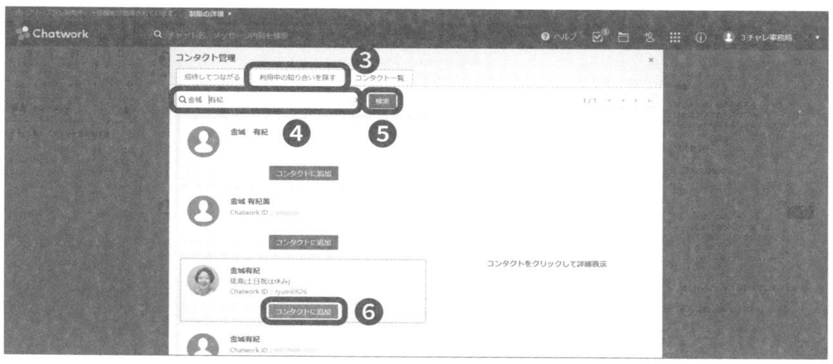

③「利用中の知り合いを探す」タブを選び、メインで使っているチャットワークアカウントの名前など④入力して、⑤青「検索」ボタンを押す

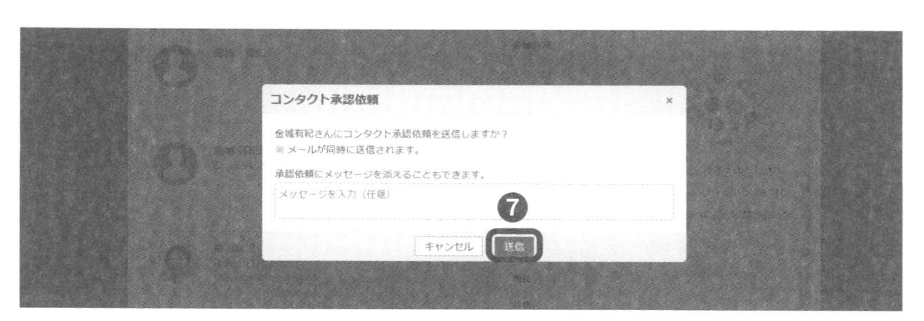

検索結果で見つけたメインアカウントにある⑥青「コンタクトに追加」ボタンを押し、何も入力せずに、⑦青「送信」ボタンを押す

右上の⑧名前をクリックし、メニューにある⑨「ログアウト」を押す

続いて、メインアカウントでチャットワークにログインしてください。上部メニューの人型アイコンにコンタクト申請があったことを示

す赤文字が出ているので、承認するためにクリックします。

青「承認する」ボタンを押す

●LINEチャット通知用のグループチャットを作る

チャットワーク管理画面の左メニューの一番上からグループチャットを新規作成します。

①「＋」ボタンを押し、②「グループチャットを新規作成」をクリック

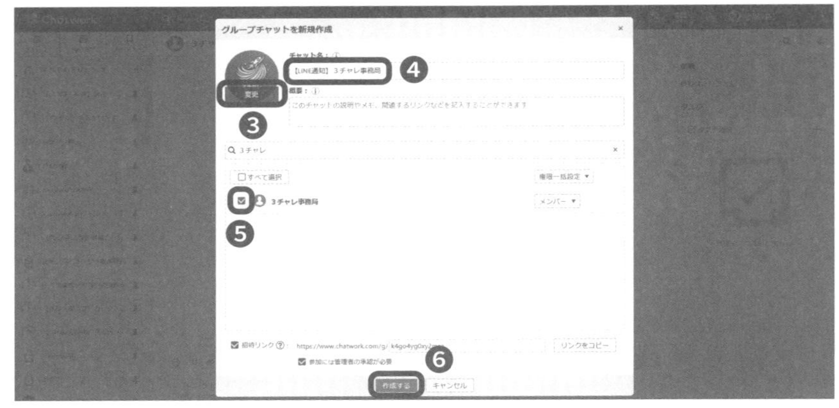

⑤先ほど作った通知用のチャットワークアカウントもメンバーに含める

他にもスタッフさんのチャットワークアカウントもグループチャットに入れておけば、複数人に同時に通知できます。

最後に、⑥青「作成する」ボタンを押してください。

●通知用のグループチャットのルームIDを取得する

PCブラウザ版で操作している場合は、ブラウザのアドレス欄に表示されているURLの最後のほう、ridを含んだ数字の部分が、チャットワークのルームIDとなります。

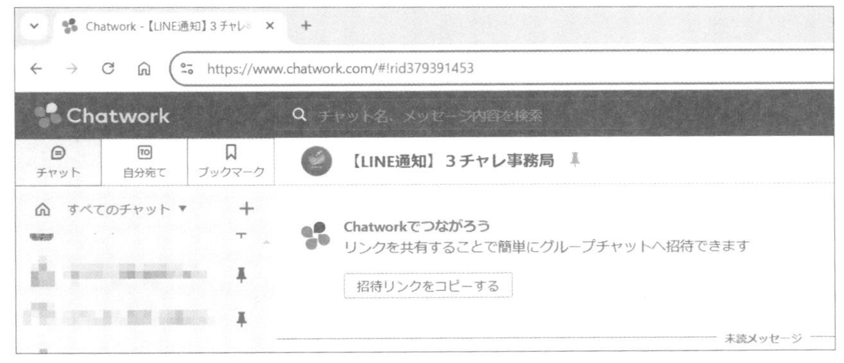

事例だと「rid379391453」

チャットワークのデスクトップアプリをご利用の場合は、右上のタブ（メインのチャットワークアカウント）をクリックします。

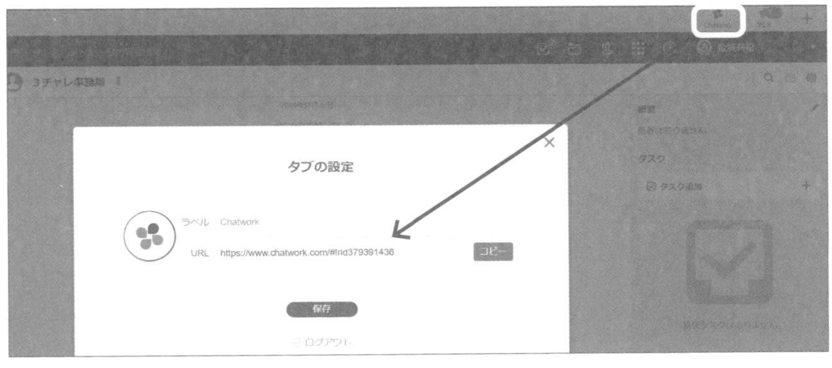

同じようなURLが表示される

●UTAGEに設定する

上部メニュー【メール・LINE配信】＞配信アカウント選択＞左メニュー「LINE通知設定」画面を開いてください。

通知先「Chatwork」を選ぶ

これまでに取得しておいた、通知用チャットワークのアカウントAPIトークンと、ルームIDを入力して、緑「保存」ボタンを押します。

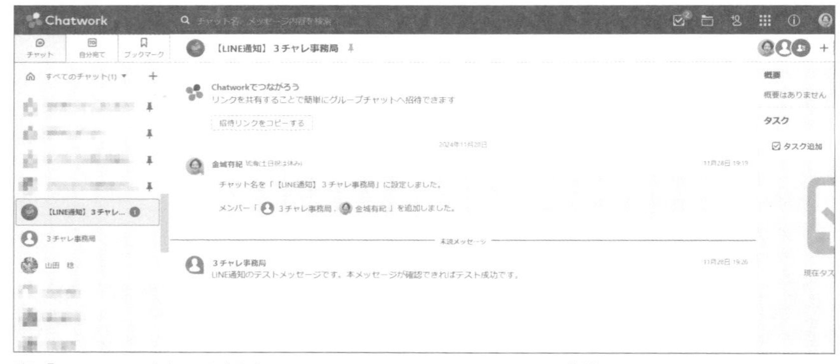

青「テスト」ボタンを押すと、ちゃんとチャットワークと連携できているかを確認することができる

これで、LINE友だちからメッセージがきたときにチャットワークで通知が受け取れます。必ず、設定しておきましょう。

なお、LINEの自動応答、ボタンタップ、画像タップ、リッチメニュータップは通知対象外です。

CHAPTER

3

メール・LINE配信を理解する

3

SECTION

セールスファネルの基本形で流れを掴もう

動画1本の個別相談モデルのことを「かんたんLINEファネル」と呼んでいます。セールスファネルの基本型であり、UTAGEの基本機能を学ぶのに最適です。

個別相談モデルとは？

ここからは、実際に画面操作をしながらUTAGEを実装し、メールやLINE配信のやり方を学んでいただきます。ここで題材として扱うのは、動画1本の「個別相談モデル」というファネルです。この個別相談モデルは、セールスファネルの基本型ですし、UTAGEの基本機能を理解するのにも適しています。

このセールスファネルが使いたいわけじゃないと思われるかもしれませんが、UTAGEを理解する近道と思って実践してみてください。

個別相談モデルの流れは、次の図のような流れになります。

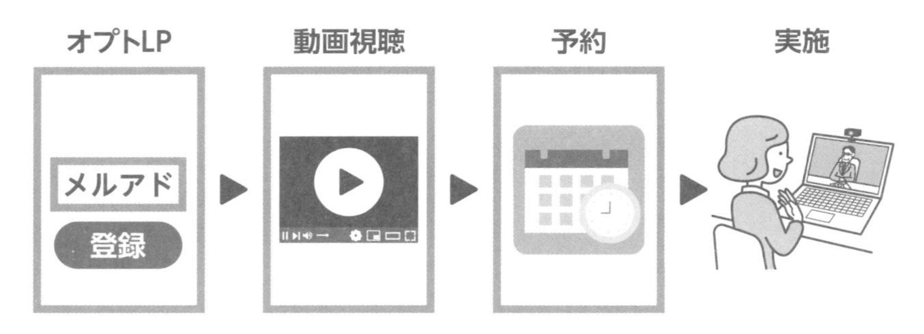

個別相談モデルの流れ

まずは、オプトインLPでリストを取り、次のページでLINE友だち追加してもらいます。続いて、プレゼント（オファー付きのコンテンツ動画）を見てもらい、動画のセールスパートだけでなくステップメッセージも利用して、個別相談予約を促します。実際に個別相談予約があれば、Zoomで1on1ミーティングを行い、商品紹介の同意を受けた上で成約をとります。

メルアド登録でもLINE友だち追加でも同じことですが、何かしら見返りとなるインセンティブがなければ見込み客は個人情報を提供してくれません。このため、メールアドレスやLINEなどオプトインの見返りとして、1本の動画をプレゼントします。

この動画1本の個別相談モデルの流れを、私は「かんたんLINEファネル」（以後、このモデルのことを「かんたんLINEファネル」とします）と呼んでいます。「かんたんLINEファネル」については後述します。

構築の流れ

「かんたんLINEファネル」の構築を始める前に、まずは構築の流れを説明します。これに限った話ではありませんが、ファネルの構築はマーケティングフローの後ろから構築していくようにします。

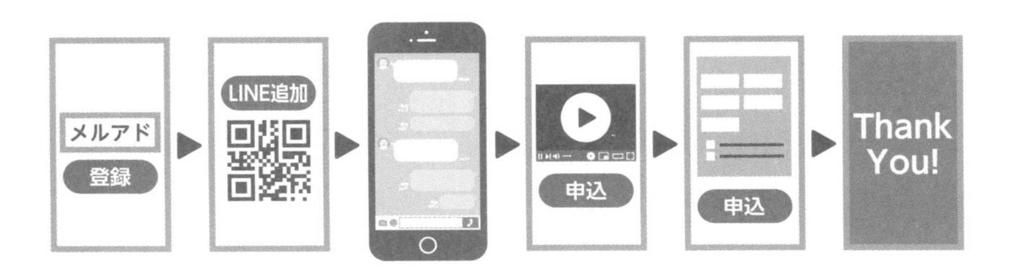

実際の画面遷移図

見込み客がオプトインしてから個別相談に至るまでの流れは、図にあるように左から右の流れです。ですが、ファネルを構築する場合は、右から左の流れで作ります。

事前準備物

さっそく構築していきたいところですが、その前に準備しておくものがあります。

●オプトインのインセンティブ（報酬）となるプレゼント

見込み客が気になってしょうがないことや、是非とも解決したいと思っている問題が解決できる「見込みがありそうと期待できるもの」をプレゼントのタイトルにしましょう。

プレゼントはまずは1つだけで良いです。

あなたが自信を持って解決できるたった1つのことをクローズアップして、魅力をきちんと伝えましょう。**プレゼントのファイルタイプは動画が最適です。**内容は、個別相談のときにオファーしたい商品サービスに関連したもので作ります。動画の他にも、テキスト（PDF）や音声、ワークシートやチェックシートなども良いです。ただし、PDFは、反応はよくても後ろにつなげにくい特徴があります。

ビジネス成果が出るプレゼント動画の作り方の詳細については読者特典でお配りしています。

●LPを使う場合は、ヘッダーコピー画像や本文コピー

LPは大きく分けて2つの要素からなります。1つはセールスコピーです。もうひとつは見た目のデザインです。作業手順として、まずはコピーライティングしてテキスト文章の素材を用意しておき、これをデザイン入れしながらLPとして仕上げるのがおすすめです。

UTAGEでは、背景画像さえ設定しておけば、自由に文字入れしてヘッダーコピーを配置することが可能です。はじめは、テキストベースの作りこみでよいですが、Canvaを使うとデザイン素人でもそれなりにいい感じでLPヘッダーなどが作れますので、徐々に慣れていきましょう。

●LINEで使うボタンなどアイキャッチ用のイメージ画像

＼ 期間限定！ 無料 ／

個別相談に申込む

●イベント参加特典PDF

個別相談やフロントセミナー参加者に、参加申込時点でお渡しするものがあるとなお良いです。このタイミングであれば、PDFなどの解説文書はアリです。

はじめてのプレゼント作りで、うまく作れるはずもありません。完璧は目指さず、ほどほどの完成度でよいです。ファネルを公開した瞬間から、次の改善ポイントが見つかりあれもこれも足りなかったと後悔するものなので、「精度が高いものを作りたいなら、何度も作り直す必要がある」ことを事前に織り込み済みの状態で、マーケティング素材を準備していきましょう。

●かんたんLINEファネルの概要

①LPからメルアドオプトしてもらい、サンキューページでLINE登録
②LINEメッセージでのみ動画視聴ページを案内する
③オプトから1週間以内の動画視聴
④プレゼント動画を15分視聴したところで申込ボタンを表示させる
⑤オプトから1週間以内の個別相談申込受付
⑥期間が過ぎたら、自動で全体まとめメルマガに合流させる

●設定手順

画面を行ったり来たりしないようにするために、設定手順が複雑になっているように感じられるひとも多いです。

1. 事前準備物（動画、LP用コピー＆画像、LINE用画像）
2. 個別相談イベント作成
3. キャンペーン用シナリオを作る
4. ファネルテンプレートを元にファネルを作る
5. ページ編集（視聴期限切れページ、個別相談申込後サンキューページ、個別相談申込ページ、プレゼント動画視聴ページ、オプト後サンキューページ、オプトLPページ）
6. ラベル作成
7. アクション作成

ラベルとアクションは、シナリオでのメッセージ設定のときに利用します。シナリオとリマインダの設定については別章で詳しく解説します。

3- SECTION 02 UTAGE

個別相談イベントを作成しよう

個別相談予約を受付するのにUTAGEのイベント機能を使います。日程調整の手間がなくなり、空いている時間帯を自由に選んでいただけるので申込数がアップします。

イベント作成

有料・無料が選べます。有料の場合は、事前に決済連携の設定が必要です。申し込み日の期日によって金額を変えることも可能です。個別相談イベントを作成するときに、リマインダシナリオ（メールのみ）を自動作成できます。リマインダシナリオの編集は、今は、このままにしておいてください。リマインダシナリオで送るべき内容や注意点、より賢く使う方法は後の5章で詳しく扱います。

イベントは、1：1の「個別相談・個別面談」で作るのが基本ですが、Googleカレンダーを日常的に使っていない場合は、1：多の「セミナー・説明会」タイプで作成して、あえての定員1名にすることで、手動で空き枠を作ることができます。

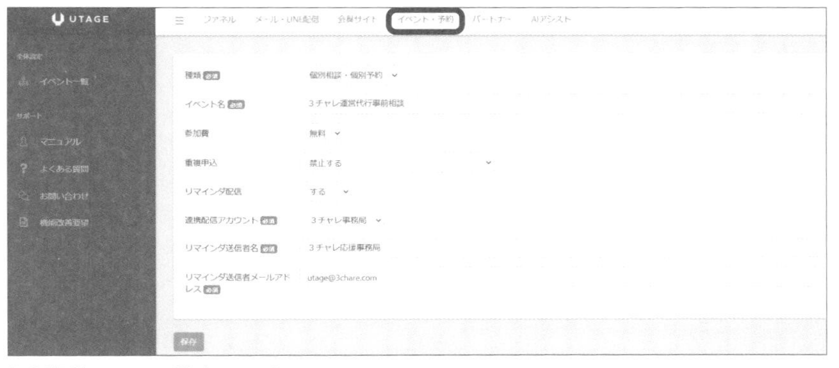

個別相談イベント設定サンプル

担当者設定

これまでに国内外問わず、さまざまな予約カレンダーシステムを使ってきましたが、一番便利で使いやすい予約システムだと個人的には感じています。1イベントに複数の担当者をつけることができるので、スタッフや外注と手分けしての個別相談対応もできます。

なお、あらかじめ担当者のGoogleカレンダー連携を設定しておくことで、予約の空き枠を表示してくれる仕様となっています。

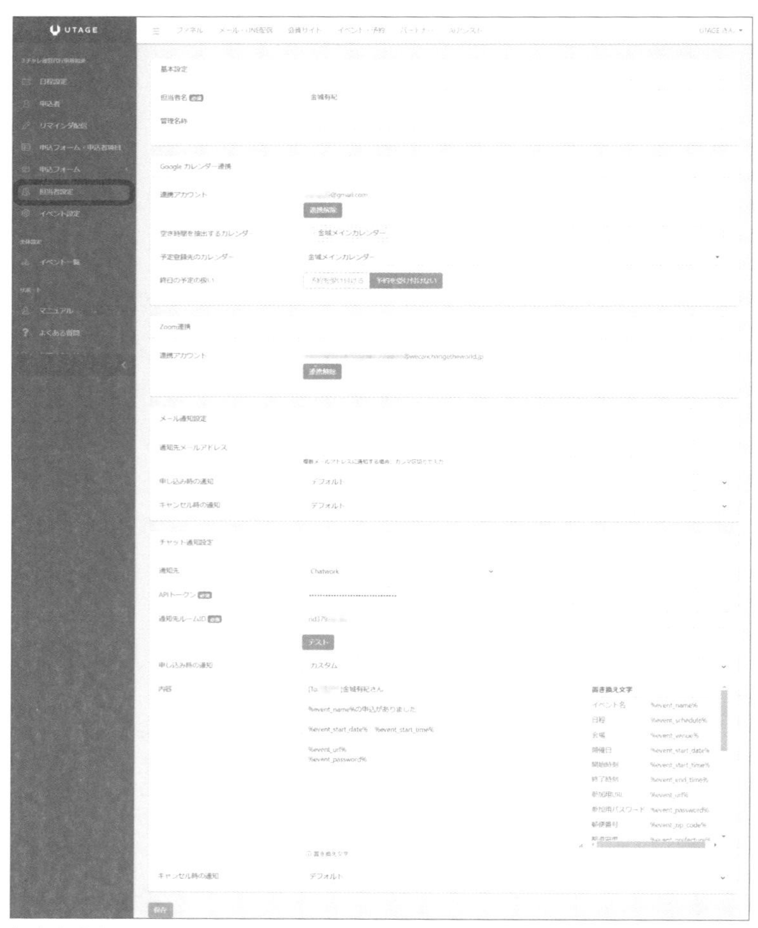

担当者設定サンプル

日程設定

個別相談イベントを選択し、左メニュー上部にある「日程設定」にて、曜日や時間帯、1枠あたりの所要時間や、いつからいつまでを受け付けるのかなど、スケジューリングに関する細かい設定ができます。

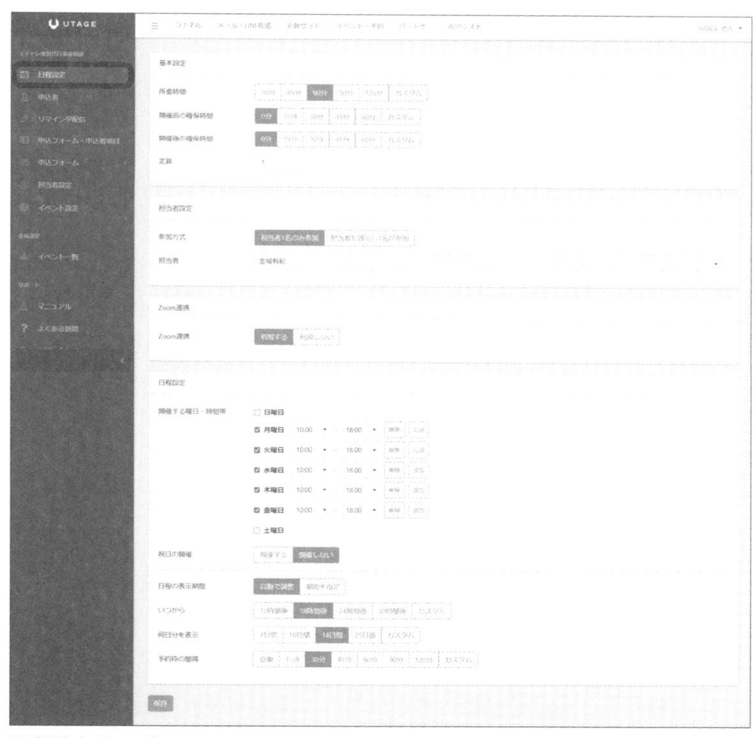

日程設定サンプル

イベント作成や担当者設定、日程設定についての詳しい内容は類書をご覧ください。

イベント参加申込フォームの入力項目を増やす

3チャレ運営代行事前相談

日程の選択

<前の月　2024年12月　次の月>

日	月	火	水	木	金	土
1	2 ○	3 ○	4 ○	5 ○	6 ○	7
8	9 ○	10 ○	11 ○	12 ○	13	14
15	16	17	18	19	20	21
22	23	24	25	26	27	28
29	30	31	1	2	3	4

選択した日程

日程

情報入力

お名前 必須

姓　名

メールアドレス 必須

相談内容に応じて、サービスをご案内することがあります 必須

承知しました

確認する

サンプル：「サービスをご案内することがあります」のチェック項目を追加

販売対象が個人の場合、個別相談セールスを行う可能性が高いケースでは、「サービスをご案内することがあります」のチェック項目を追加しておくことをおすすめします。なぜかというと、一般消費者向けのZoomでの個別セールスは特商法にある電話勧誘販売に相当する可能性があるからです。個別相談申し込みの際に、セールスがあることをきちんと告知して、相談者から事前に同意さえとっておけば問題ありません。

さらに面談時の録画も保管しておくことをおすすめします。個別相談の時のご自身の発話内容をチェックでき、改善のために利用できることも理由のひとつなのですが、万が一、消費者側からクレジットカードでの支払い拒否された場合に、カード会社から契約時の状況について反証の提出を求められることがあるためです。なお、事業者向けの商品サービス販売の場合はクーリングオフ制度は適用されません。

●フォーム入力項目を増やす方法

左メニュー「申し込みフォーム・申込者項目」の項目01を「相談内容に応じて、サービスをご案内することがあります」に書き換えます。

フォーム利用は「利用する」に変更。入力必須にし、入力形式「チェックボックス」、初期値・選択肢「承知しました」を入力し、ページ下の緑「保存」ボタンを押す

確認するには、同じページの上にある緑「登録フォーム」ボタンを押してください。

ここでは、姓・名、メールアドレスは必須入力項目で変更不可、フリガナと携帯電話番号は必須か任意かを選べます。携帯電話番号は、予約日時になってもZoomに参加されない場合に架電してサポートしたり、SMS（ショートメッセージ）発信のために利用します。これらの項目を確実に使うケースが見込まれる場合にのみ、「利用する」に変更してご入力いただいてください。

なお、このイベントフォームでは、これ以上の詳しい個人情報の取得は行いません。あくまでもイベント設定に格納されるデータであるだけで、**ここで入力項目を増やしただけではリマインダシナリオにデータ連携されないから**です。その他の理由については5章をご覧ください。また、イベント申込の際は姓名欄を分けずに1つで済む「お名前（フルネーム）」の入力項目は利用できません。

「サービスをご案内することがあります」項目をつけて、明示的に「同意する」に**チェックをつけないと個別相談の申し込みができないようにすることで、申込数が激減した場合は、**申し込み前のプレゼント動画内や、ステップメッセージなどで、きちんと「本来は有料で提供しているものが今だけ無料」だということや、個別相談は商品説明が前提となっていることを申し込みページに明記したり、プレゼント動画内でも口頭で伝えていたりなど、事前に「セールスがあること」を相談申込者本人が自覚できるほどに伝えているかどうかをよくよく確認した上で、同意のチェック項目を削除してください。

●注意点

このイベント設定の左メニュー「申込フォーム」＞「申込フォーム設定」で、フォームの前後にメッセージが入れられるのですが、セールスメッセージを入れたり、注意事項などをこの画面で設定するのではなく、この**申込フォームを設置するLP上で**装飾した方がデザインの見栄えが良くなります。

SECTION

3-03 UTAGE

シナリオを作ろう

ようやくファネルの実装に入ります。素材をある程度作っておいて最後に繋ぎ合わせると管理画面を行ったり来たりして迷子にならずにかんたんに設定できます。

シナリオのガワを作る

オプトインいただいた後にお送りするステップメッセージ群を1シナリオ内に設定していきます。まずは、シナリオを新規作成します。

上部メニュー【メール・LINE配信】＞緑「追加」ボタンを押す

ここでは仮に「3チャレの魅力を伝えるシナリオ」とする。緑「保存」ボタンを押す

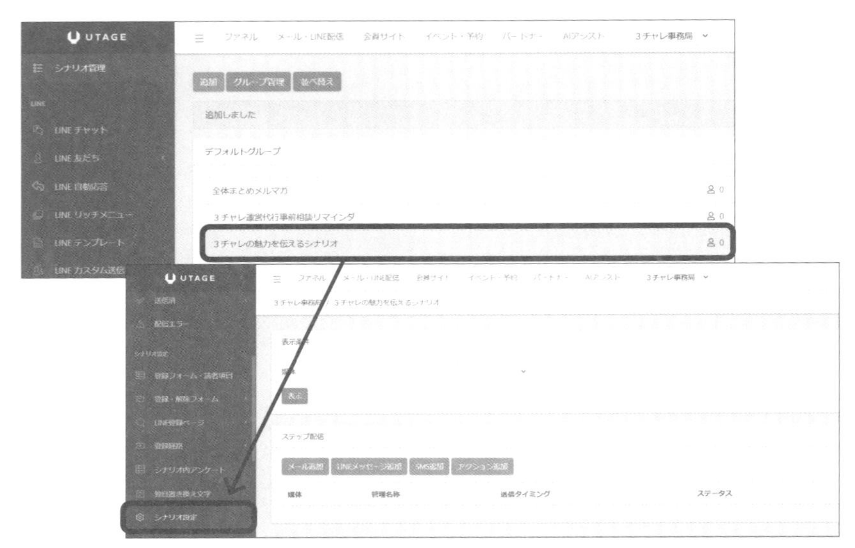

新規作成したシナリオの行をクリックしたあと、左メニューの「シナリオ設定」画面を開く

シナリオ設定では2章ー4でお伝えした「全体まとめメルマガ」作成と同じ手順で、送信者名とメールアドレス、デフォルトメールフッター、デフォルトURL置換ドメインを設定します。

ここで解説する「かんたんLINEファネル」のケースではメルアド登録後にLINE追加いただくセールスファネルなので「LINE友だち追加後フォーム経由のメール情報の統合」については「利用しない」を選んでください。

また、このシナリオについては通知設定はしなくてよいです。読者登録通知がモチベーションになる方は、設定してください。

シナリオタイトルは、サンプルとして「3チャレの魅力を伝えるシナリオ」にしています。ご自身のケースで置き換えてください。シナリオに入れる具体的なメッセージの文章や、設定方法については後の4章で扱います。

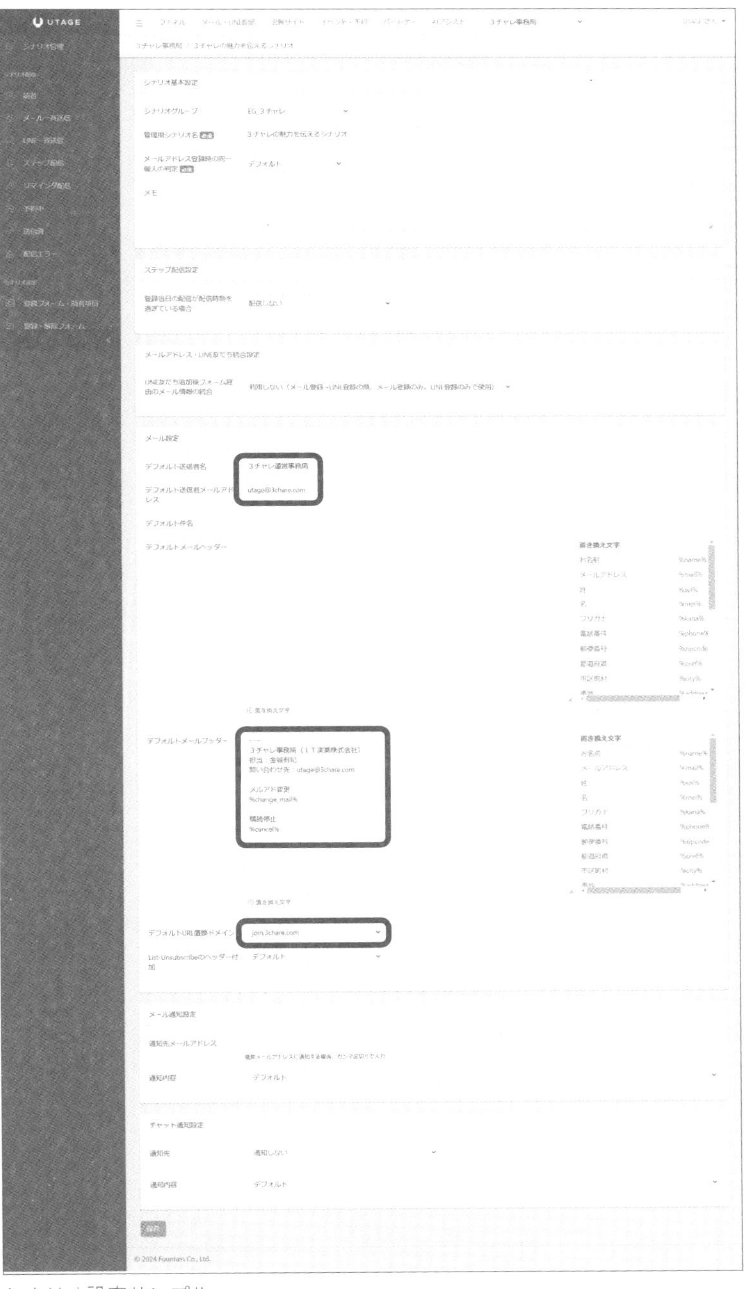
UTAGE
シナリオ管理
読者
メール一斉送信
LINE一斉送信
ステップ配信
リマインダ配信
予約中
送信済
配信エラー
登録フォーム・読者項目
登録・解除フォーム
3チャレ事務局
3チャレ事務局 / 3チャレの魅力を伝えるシナリオ
シナリオ基本設定
シナリオグループ
EG_3チャレ
管理用シナリオ名
3チャレの魅力を伝えるシナリオ
メールアドレス登録時の同一個人の判定
デフォルト
メモ
ステップ配信設定
登録当日の配信が配信時刻を過ぎている場合
配信しない
メールアドレス・LINE友だち統合設定
LINE友だち追加後フォーム経由のメール情報の統合
利用しない（メール登録→LINE登録の順、メール登録のみ、LINE登録のみで使用）
メール設定
デフォルト送信者名
3チャレ運営事務局
デフォルト送信者メールアドレス
utage@3chare.com
デフォルト件名
デフォルトメールヘッダー
置き換え文字
%name%
%kana%
デフォルトメールフッター
3チャレ事務局（ＩＴ実業株式会社）
問い合わせ先：utage@3chare.com
メルアド変更
%change_mail%
購読停止
%cancel%
デフォルトURL置換ドメイン
join.3chare.com
List-Unsubscribeのヘッダー付加
デフォルト
メール通知設定
通知先メールアドレス
通知内容
デフォルト
チャット通知設定
通知先
通知しない
通知内容
デフォルト
保存
© 2024 Fountain Co., Ltd.
シナリオ設定サンプル

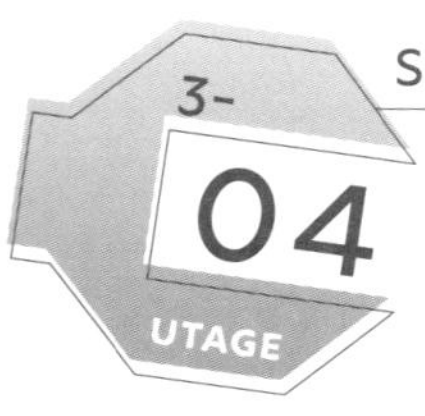

SECTION

ファネルを作ろう

次にファネルを作っていきます。UTAGEにはファネルテンプレートが複数用意されているので、その都度目的に合わせてカスタマイズしてください。今回は、「説明会ローンチファネル」を使って作業していきます。

ファネルテンプレートを利用する

UTAGEには幾つかのファネルテンプレートが用意されています。もともとあるファネルテンプレートをもとに改変していきましょう。

上部メニュー【ファネル】＞緑「＋追加」ボタンを押すとファネルテンプレートが一覧で出ます。

一番上の行、右3つ目の「説明会ローンチファネル（SNS集客デザイン）」の緑「詳細」ボタンを押す。続いて、ページ上部にある緑「このファネルを追加する」ボタンを押す

作成ファネル名をクリックして、ページ一覧画面に移動

ページ群（ファネル）を準備する

今回は、動画1本で個別相談の予約をとる「かんたんLINEファネル」にするので、ファネルテンプレートにデフォルトで入っていても利用しないページもあるため必要ないものはページ削除し、足りないページを新規追加していきます。

●削除：2話3話ページ

「説明会ローンチファネル（SNS集客デザイン）」のファネルテンプレートは動画3本の従来型のプロダクトローンチを想定した作りになっています。今回、使用するのは動画1本です。このため「動画2話」「動画3話」ページについては不要なため、ファネルから削除します。

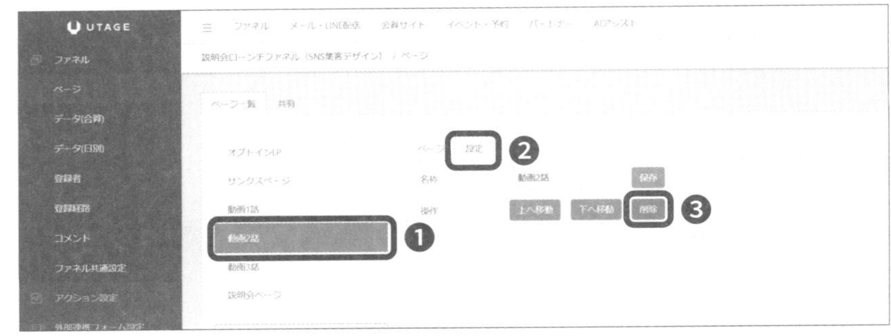

ページ一覧から①「動画2話」>右ペインの②「設定」タブ>③赤「削除」ボタンを押す

●個別相談申し込みページは、「説明会ページ」を転用

続いて、「説明会ページ」の名前を変えて、個別相談申込ページにします。

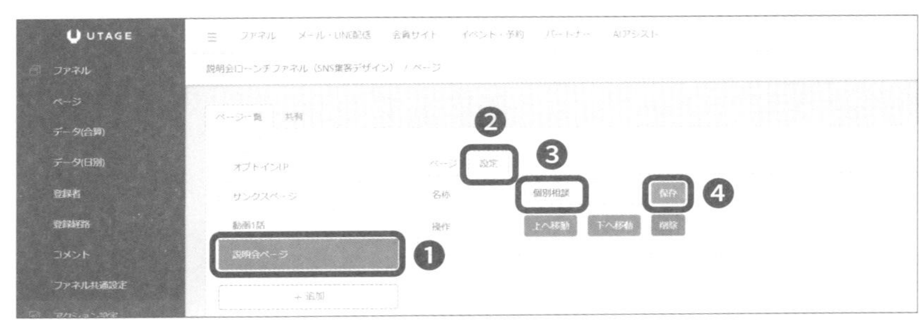

ページ一覧から①「説明会ページ」>右ペインの②「設定」タブ>名称を③「個別相談」に変更したら、横にある④緑「保存」ボタンを押す

●ページ追加：個別相談サンキューページ

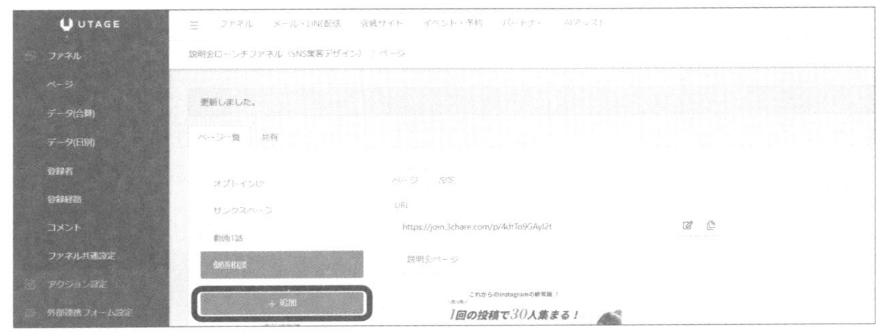

ページ一覧の下にある「＋追加」ボタンを押す

名称欄には「個別相談サンキュー」として緑「保存」ボタンを押してください。画面が切り替わったら、緑「＋ページ追加」ボタンを押します。

上部の青「テンプレートから追加」のままで、下にスクロールして、「サンクスページ」の緑「＋追加」ボタンを押してください。

●ページ追加：視聴期限切れページ

1つ前の個別相談サンキューページを入れたときと同様です。「空白のページ」の緑「＋追加」ボタンを押してください。

●出来上がりのファネル構成

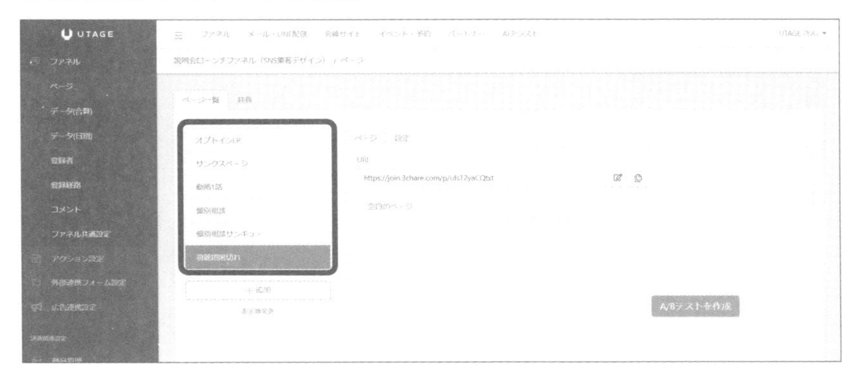

SECTION

ページを作り込もう

ファネルの後ろから前に向かって逆順に作っていくのが、あれこれとページを移動せずに、楽に設定できるコツです。

視聴期限切れページ

オプトインの時にお渡しするプレゼント動画は、期間限定での個別相談オファーを行うセールス動画でもあるため、視聴期限の設定をします。この視聴期限が切れたあとに、表示するページを先に設定します。

ファネルのページ一覧から最後にある視聴期限切れページを選び、サムネイルの下にある青「編集」ボタンを押してください。

視聴期限切れページの編集サンプル

LPに記載している文言を変更したら、右上の青「保存」ボタンを押してから、左上「←戻る」ボタンを押して前ページに戻ってください。

YouTubeをやっているのであれば、公開動画を貼り付けておくとよいです。このほか、人気のブログ記事や各種SNSなどをお知らせするのも良いでしょう。大きな目的は「期限が切れたら見れない」という“痛み”の体験を与えることで**（視聴期限内に見ておかなくては）という教訓を与えるため**、そして「視聴期限が切れたら見れません」の発言を実際にその通りにWebで実現することで**（この人は言ったことを守る人なんだな）という信頼の教育をするため**の大事なページです。

個別相談申し込み後サンキューページ

サンプル文章をあなたのケースで書き換えてください。ファネルのページ一覧から「個別相談サンキュー」を選び、サムネイル画像下にある青「編集」ボタンを押します。

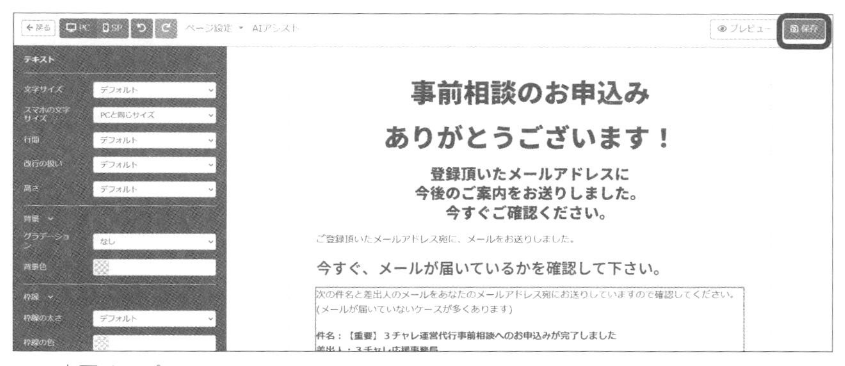

LPの変更サンプル

個別相談申込ページ

続いて、個別相談ページを編集していきます。ファネル一覧から、編集画面を開いてください。まずは、「イベント日程一覧」要素を削除し、代わりに、個別相談申込フォームに置き換えます。

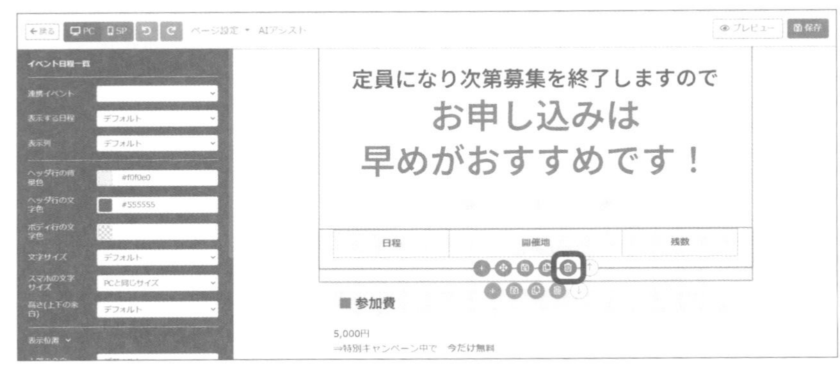

青の要素を選び、ゴミ箱アイコンをクリック

続いて、同じ場所になるようにひとつ上の黄色▼要素にある「＋」ボタンを押します。

下へスクロールし、イベント・予約の「申込フォーム」をクリック

追加した①「申込フォーム」要素をクリックすると、左メニュー側の要素情報が自動で切り替わります。

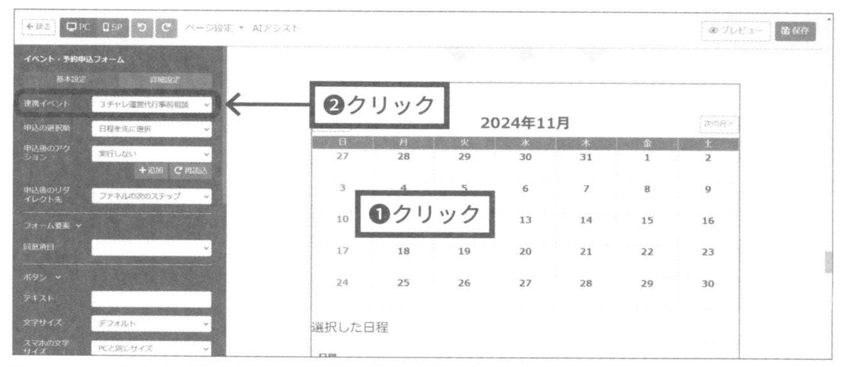

左メニューにある②連携イベント欄で設定したい個別相談イベントをクリックして選択

表示期限設定

オプトインした日を含む7日間だけ個別相談申込できるようにしたいため、ページそのものに表示期限設定をします。

ページ編集画面の上部メニュー①「ページ設定」>②「表示期限」を選択

「表示期限を設定する」に変更したら、基準日：指定したファネルステップ登録日を選びます。「オプトインLP」登録後、半角数字で「7」日後の「0」時「0」分までに設定します。期限超過後の動作は、「ファネルの最後のステップのページを表示」でもよいですし、**ファネル内のページ構成（順番）が違う場合**は「指定したページを表示」を選んで、視聴期限切れページのURLを入力してください。

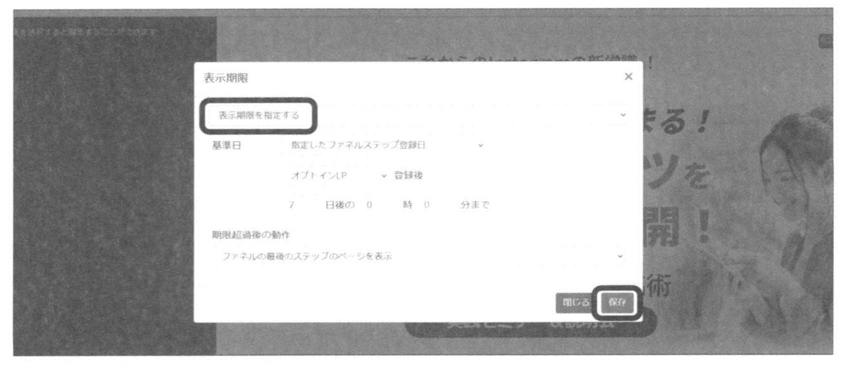

表示期限の設定サンプル

青「保存」ボタンを押したら、左の灰「閉じる」ボタンを押して、ダイアログを消してください。LP編集画面の右上にある青「保存」ボタンを押してから、左上「←戻る」ボタンを押して前ページ「ページ一覧」に戻ってください。

詳しいLPページの編集方法は「UTAGE実践マニュアル　ファネル編」をご覧ください。

プレゼントページに動画を設置

UTAGEにアップロードしたプレゼント動画の視聴URLを取得し、LPに設定します。UTAGE管理画面の右上「契約者名」＞「動画管理」画面を開きます。フォルダ作成していた場合は、左メニューからフォルダを選び、表示された動画一覧の中から該当の動画の「埋め込み用URL」にあるコピーボタンを押してください。

動画をアップロードしたばかりで処理中表示のままでも設定そのものはできます

このまま、また、ファネルにある「動画1話」ページの編集画面を開いてください。動画要素を選んだら、左側メニューで動画タイプ「UTAGE」を選び、動画URLをさきほどクリップボードにコピーしておいたものに置き換えます。

UTAGEの動画URLを貼り替えるだけで右ペインが切り替わります

YouTubeやvimeoにアップロードしていた場合は、動画タイプを合わせてください。

この他の設定としては、コントロールバーは「非表示」、最大化ボタン「非表示」、再生ボタンの色「赤」がおすすめです。

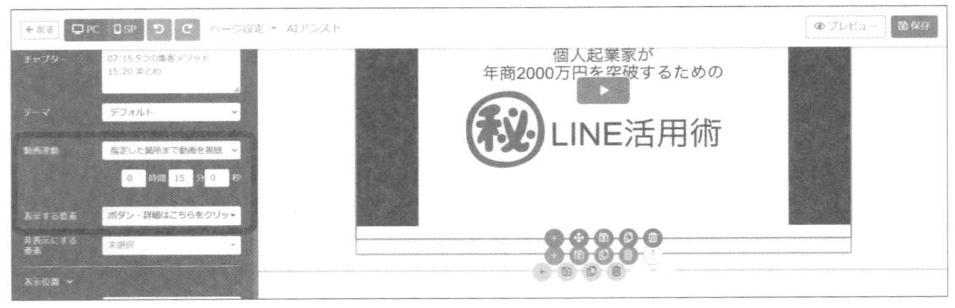

左メニュー動画連動「指定した箇所まで動画を視聴」にして15分を指定。表示する要素を、ページ下部にあるボタンに設定

これで、見込み客がこのページにアクセスしたあとに動画再生し、15分が経過したら申込ボタンを表示させることができます。

あなたが作成したプレゼント動画で、オファーのことをお話しているあたりの分数を設定してください。オファーまでしっかりと、プレゼント動画を見てくれたひとにだけ、個別相談を申込してほしいときに最適な設定方法です。動画を見ていても見てなくても申込してほしい場合は、動画連動の設定はなくてよいです。

ちなみに、プレゼント動画の視聴ページはLINEメッセージでURLをお知らせします。

●ボタンの設定

右ペインで動画再生15分したら自動表示させるボタン要素をクリックして選び、左メニューで確認します。

動作「ページを開く」、リンク先「ファネルの次のステップ」になっているか確認

●表示期限設定

個別相談申込期限と同じく、オプトインした日を含む7日以内だけ見れる特別限定動画という建付けにしますので、このページそのものに表示期限設定をします。

ページ編集画面の上部メニュー「ページ設定」＞「表示期限」を選んでください。

「表示期限を設定する」に変更したら、基準日：指定したファネルステップ登録日を選ぶ。「オプトインLP」登録後、半角数字で「7」日後の「0」時「0」分までに設定する。

期限超過後の動作は、「ファネルの最後のステップのページを表示」でもよいですし、ファネル内のページ構成が違う場合は「指定したページを表示」を選んで、視聴期限切れページを作成した際のURLを入力してください。

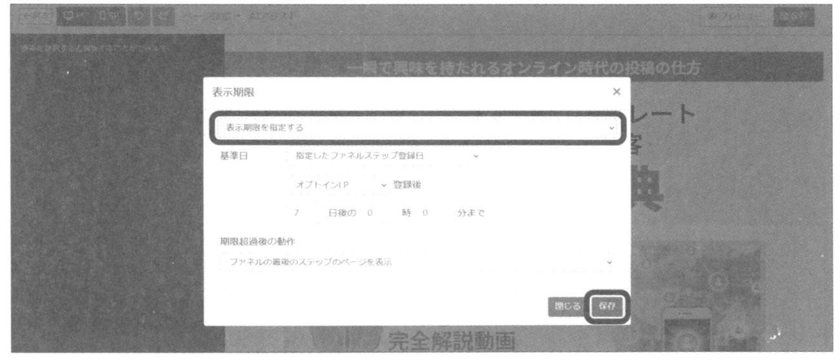

設定サンプル：青「保存」ボタンを押したら、左の灰「閉じる」ボタンを押して、ダイアログを消してください

最後に、LPページ編集画面の右上にある青「保存」ボタンを押してから、左上「←戻る」ボタンを押して前ページ「ファネルのページ一覧」に戻ってください。

サンクスページにLINE登録ボタンを設置

LINE登録をお願いするサンクスページの編集画面を開きます。

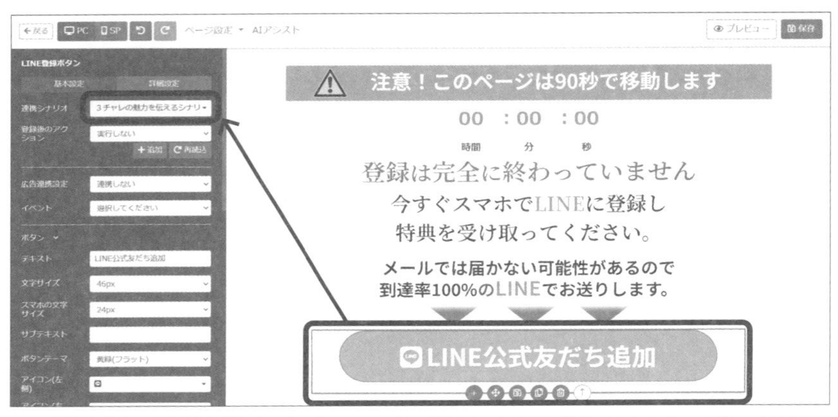

LINE登録ボタン要素を選び、左メニューの一番上にある連携シナリオを、3章ー4で作ったシナリオを選択

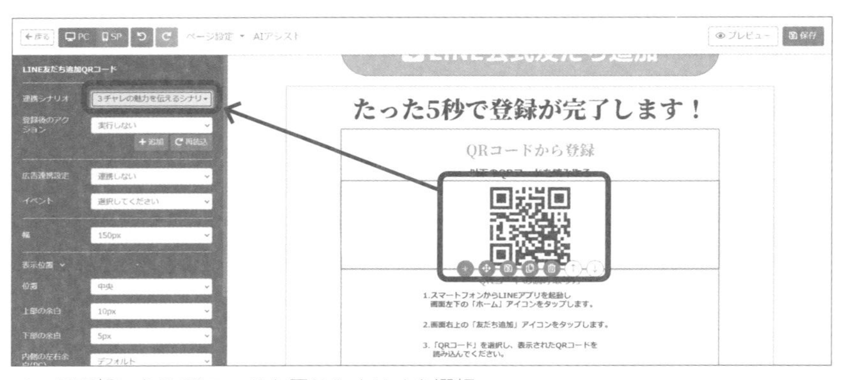

ページ下部にあるQRコードも同じシナリオを選択

サンプルLPにはさらにページ下にもLINE登録ボタンがありますのでそちらも編集するか、必要なければ要素を削除してください。

編集が終わったら、右上の青「保存」ボタンを押してから、左上「←戻る」ボタンを押して前ページに戻ってください。

オプトLPにシナリオ連携

ファネル一覧から「オプトインLP」ページを選んで編集画面を開き、メルアド入力欄をクリックします。

左メニューの一番上にある連携シナリオを、さきほどのサンクス（LINE登録）ページで設定した同じシナリオを選択

これで、見込み客がオプトLPからメルアド登録すると、LINE追加画面が出てきてそのままLINE追加いただくことで、シナリオ読者一覧では、LINE情報とメールアドレスが1：1で紐づいた「統合された」状態のリストを作ることができます。

SECTION 3-06 UTAGE

ラベルを使って数値測定しよう

ラベルは、読者データに情報付加できる機能です。ラベルを使えば1ユーザごとの行動履歴をしっかり追うことができます。

ユーザーアクションはすべてラベル付けする

ラベルを使いこなせるようになると中級者の仲間入りです。まずは、最低限の設定をしておきましょう。ラベル機能を使うことで、見込み客がファネルのどこまで進んできてくれているかが一目瞭然になります。UTAGEに搭載されているファネル分析機能はアクセス数での表示のため、ユニークで表示される数字がズレている場合があるのですが、ラベルを使えば1ユーザごとの行動履歴をしっかり計測することができます。

ラベルは、ファネル内のページ移動に関わる部分やユーザーアクション情報を得たい部分に設定します。

ラベルを作成する

まずは「かんたんLINEファネル」で利用予定のものを一覧にしておきましたので、まとめて作成しておきましょう。いつどのメッセージのどのリンクでアクションしたのかをより細かく計測するために、もっと細分化されたラベルを用意してもよいのですが、管理が複雑になります。

ラベルの新規作成方法

上部メニュー【メール・LINE配信】＞配信アカウント選択＞左メニューの下方「アカウント共通設定：ラベル」＞「ラベル管理」に進みます。

左上の緑「追加」ボタンを押す

ここではサンプルとして以下の7つのラベルを作成します。

CL動画ページ
CL個別相談申込ページ
個別相談CV
個別チャット済み
CL事前アンケートページ
事前アンケート入力済み
CL_Zoomリンク

商品販売もUTAGE上で行う場合は、以下2つのラベルも追加しておくとよいです。

CL_BE販売ページ
BE購入CV

ちなみに、ラベル名に含まれるCLとはクリック（click）の略称です。CVとはコンバージョン（conversion）の略称で、アクション完了の意味があります。BEとはバックエンド（Backend）商品の略称です。

なお、実際にUTAGEに実装している途中にも、それぞれの画面で新規ラベル作成することが可能です。あなたのセールスファネルで必要に応じて、適宜追加してください。

●ラベル名の変更

入力間違いしたまま保存してしまったとか、「個別相談」ではなく「ロードマップ作成会」に変更したいなどの時は、ラベル名称を変更しましょう。

ラベル名一覧から、変更したいラベルの右にある縦三点「操作メニュー」＞「編集」をクリック

次の画面で、所属グループと名称を変更できます。

●グループの新規作成

キャンペーンごとにラベルをグループ化しておくと管理が楽になります。ラベル管理画面の青「グループ管理」ボタンを押すと、グループ追加ができます。ここでは、グループ名の変更はできず、削除のみが行えます。

グループ追加した直後に迷子になりやすいのですが、左メニューの下の方にある「アカウント共通設定：ラベル」＞「ラベル管理」をクリックするとラベル一覧ページに戻れます。

●グループやラベルそのものを並べ替える方法

ラベル管理画面で、上部にある青「表示順変更」ボタンを押してください。

マウスで上下にドラッグ＆ドロップすることで、グループ分けや表示順番を自由に変えることができる

グループそのものの順番を変更したい場合は、グループ名をクリックすると折り畳まれるので操作が楽になります。

表示順の変更が終わったら、ページ下にある緑「表示順保存」ボタンを押してください。直後に迷子になりやすいのですが、左メニューの下の方にある「アカウント共通設定：ラベル」＞「ラベル管理」をクリックするとラベル一覧ページに戻れます。

●グループ名の編集と削除

本書執筆段階では、グループ名の編集はできません。まずは、新しい名称でグループを新規作成し、表示順変更画面で、元のラベルを新しいグループに移動させてください。

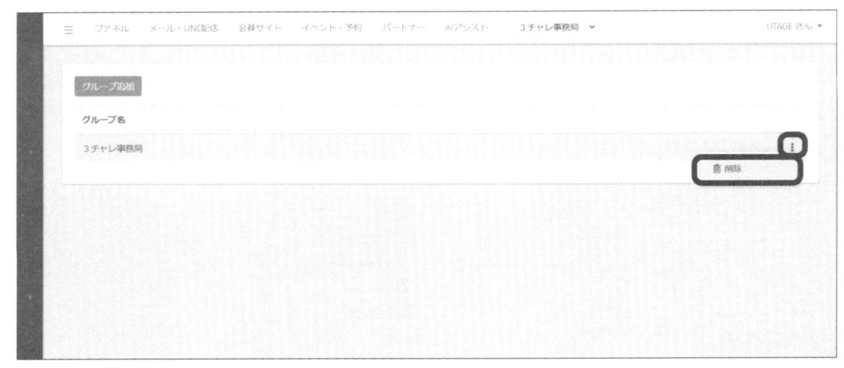

グループ内のラベルがなくなり0件になったら、グループ管理画面で、対象のグループ名の縦三点「操作メニュー」をクリックすると削除ができる

SECTION

3-07 UTAGE

シナリオアクション設定について

シナリオアクションを設定していきましょう。UTAGEでは、12種類のシナリオアクションが用意されています。

シナリオアクション設定する

UTAGEにはファネルアクションと、シナリオアクションの2種類があります。違いはファネルアクション（7つ）にプラスアルファするカタチで、シナリオ機能にまつわる操作が12種類もできるようになっている点です。今回は、シナリオアクションを2つ用意します。

●個別相談申込済みの作成

個別相談の申し込みアクションがあったら、該当のラベルをつけ、初回オファーをしているシナリオを購読停止させます。オプトから7日間、追いかけ続けるシナリオ内容になるので申込済みの方には不要の連絡となるためです。

個別相談リマインドシナリオの登録直後メッセージに設定するか、または、シナリオにあるアクション管理で使います。

上部メニュー【メール・LINE配信】＞配信アカウント選択＞左メニューの「アカウント共通設定：アクション管理」をクリック

上部の緑「追加」ボタンを押してください。

ここでは2つのアクションをまとめて動作するように設定します。

ひとつは、種類：シナリオ遷移を使って、追いかけているシナリオから離脱させるもの。2つめは、丸い青「＋追加」ボタンを押して項目を増やし、種類：ラベルの変更を選びます。

設定サンプル

最後に必ず、緑「保存」ボタンを押してください。

●全体まとめメルマガへ合流するアクションの作成

初回オファーが終わったあと（個別相談予約しなかったリスト）と、個別相談が終わったあとは「全体まとめメルマガ」へとシナリオ読者を一本化しておきます。この時に使うアクションです。

設定サンプル

最後に必ず、緑「保存」ボタンを押してください。

複数のシナリオで同じメールアドレスの登録者があったときに、シナリオ毎に同じ文章のメール・LINEを送るとそれだけで配信解除や迷惑メール通報につながります。これを避けるために、**重複メールアドレスが存在しないようにして「全体まとめメルマガ」を運用**していきます。

●アクションの種類

現状12のシナリオアクションがあります。複数を自由に組み合わせて、実現したい動作をさせることができます。

シナリオ遷移

LINEメッセージ送信

LINEテンプレートを送信
LINEリッチメニューを変更
ラベルを変更
webhook
バンドルコースへ登録
バンドルコースを停止
継続課金を停止
ファネルの共有ライセンスを発行
ファネルの共有ライセンスを停止
Googleスプレッドシートへ追記

●アクションの変更

UTAGE管理画面の上部メニュー【メール・LINE配信】＞配信アカウントを選択し、左メニュー下方の「アカウント共通設定：アクション管理」画面で一覧表示されます。

クリックすると編集画面に入れます。

設定をコピーして別のものを作成したい場合は、変更したいアクション名の右にある縦三点「操作メニュー」＞「コピー」を選んでください。

●グループの新規作成

配信アカウント選択＞左メニュー「アカウント共通設定：アクション管理」画面にアクセスします。

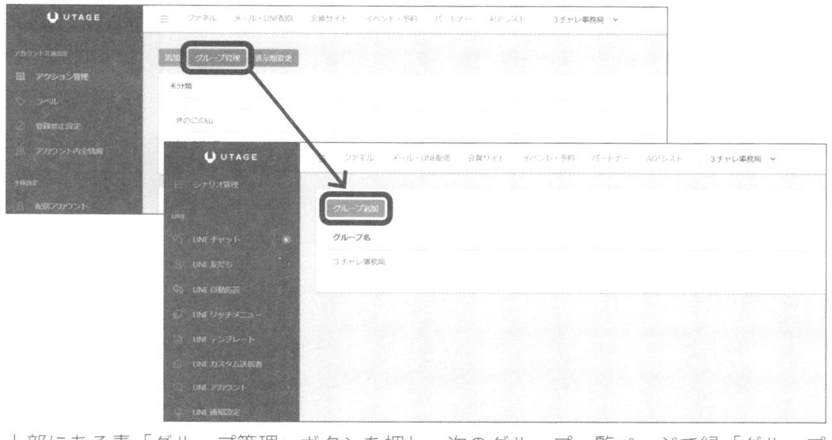

上部にある青「グループ管理」ボタンを押し、次のグループ一覧ページで緑「グループ追加」ボタンを押す

グループ追加した直後に迷子になりやすいのですが、左メニューの下方にある「アカウント共通設定：アクション管理」をクリックすると戻れます。

●グループやアクションそのものを並べ替える方法

ラベルと同じく、アクション管理画面で、上部にある青「表示順変更」ボタンを押してください。

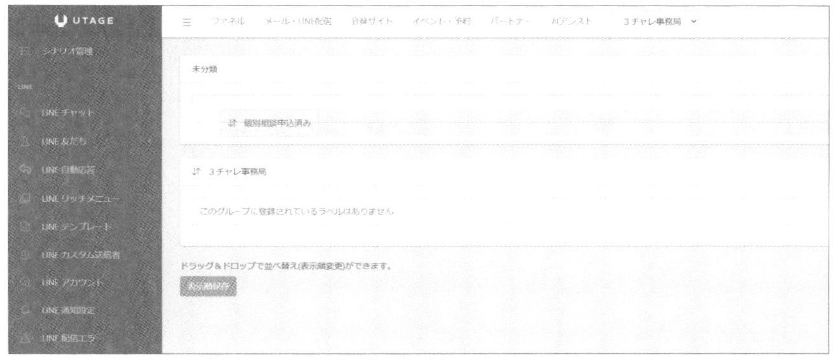

マウスで上下にドラッグ＆ドロップすることで、グループ分けや表示順番を自由に変えることができる

なお、グループそのものの順番を変更したい場合は、グループ名をクリックすると折り畳まれるので操作が楽になります。表示順の変更が終わったら、ページ下にある緑「表示順保存」ボタンを押してください。

●グループ名の編集と削除

本書執筆時点では、ラベルと同じく、グループ名の編集はできません。新しい名称でグループを新規作成し、表示順変更画面で、アクションを移動させてください。グループ内のアクションがなくなったら、アクション管理画面＞上部青「グループ管理」＞グループ一覧表示画面を開きます。

対象のグループ名の縦三点「操作メニュー」＞削除

CHAPTER

4

ステップ配信の設定

4

SECTION

アカウント設計をしよう

発信者であるあなたと見込み客との心の距離感やポジショニングについてお伝えします。

あなたが果たす役割とキャラクター

見込み客にとって「実績があるすごい人」と目されていたり、見込み客よりもちょっと先を歩んでいる「先輩」の立場をとると、見込み客にすんなりと受け入れてもらいやすいです。教える人と教えを受けて学ぶ人という、知識差による立場の違いを利用したものです。

ここで気をつけていただきたいのですが、発信側（販売者）と受信側（見込み客）という**立場の違いがあるにせよ、役割そのものに優劣はないということ**です。発信している側が必ずしも偉い・すごい・優れているというわけではありませんし、情報を受け取る側が偉くない・すごくない・劣っているということでもないのです。実態に見合わない尊大な態度をとったところで鼻について嫌われるだけですし、逆に、へりくだりすぎても自信がないと思われてみくびられ、見込み客から「どうでもいい」存在として扱われてしまいます。

あなたは、見込み客にどういう人だと思われたいでしょうか？

信用・信頼に値する人間の振る舞いとはどういうものなのかを考えて、ご自身の生来のキャラクターとどうフィットさせるかを日々の発信をしながらブラッシュアップしていきましょう。「いいひと」に見せようとして演技しすぎたり、実際の自分からかけはなれたキャラクター設定をしても、その後のメルマガ発行を続けるという「時間による試練」に耐えられません。身の丈に合った、ほどほどの人物設定をするのがおすすめです。

SNSではバズるために強い言葉を使う必要があるケースが多いのですが、メールやLINEでも同じ調子で送っていてはいけません。SNSという「衆人環視の場」でのふるまいと、メール・LINEというちょっと閉じた世界でのふるまいを変えた方が、ギャップが発生してファン化しやすくもなります。ぜひ、ご自身のキャラクターとはどういうものなのか考えて、日々の発信の中で作り上げていってください。

見込み客との距離感をどうするか？

媒体特性として、メールとLINEメッセージでは、見込み客が感じる心理的な距離感に違いがあります。メールは一斉送信であることが前提にあるので、フォーマルな書き出しで良いのですが、LINEメッセージの場合はどうなると思いますか？

ここで、プライベートで友だちとLINEメッセージをやりとりしている時の状況をよく思い出してみてください。あえて、本名フルネームで呼びかけたりしませんし、急に要件から伝えます。それなのに「○○さん、こんにちは」というよくあるメールの書き出しでメッセージが届いたら、違和感を感じませんか。

つまりは、少し馴れ馴れしいくらいのメッセージの方がLINEではちょうどいいということです。

引っ込み思案な方だと、メルマガでの距離感がちょうどいいのに、LINEは近すぎて苦手という方も多いです。馴れ馴れしさの度合いは、あなたの持つキャラクターによりますし、属人性を高めてファン化させたいのか、商品名やブランドの代弁者としてちょっと距離を置いた感じでみせたいのか、あなたのビジネス戦略によっても選択は変わります。

また文章表現によっても、親密度や馴れ馴れしさの度合いは調節できます。距離感を取りたいのであれば、ビジネス文書や論文のような堅い文章にすれば良いですし、親密度をあげたいのであれば、気軽におしゃべりをしているような口語体にすれば良いです。

判断基準のひとつとして、LINE公式アカウントの名称で決めるのがおすすめです。LINE公式アカウントの名称を個人名にしている場合は、プライベートな友だちとやりとりしている時のように振る舞ってください。LINE公式アカウントの名称が、商品サービス名やブランド名の場合は、PRや広報のような文章表現が合っています。

LINEで心理的な距離感を作りたい場合は

LINE配信すると、個別メッセージが増え、やりとりが面倒なのでやりたくないという人もいます。実のところ、メルマガになかなか返信がないのと同じで、公式LINEでのメッセージ配信に対する返信はほとんど来ません。こちらが何かアクションしてほしくて声かけしても全く反応がなく驚くほどです。

しかしながら、まれに対応に困る人が出てくるケースもあります。基本的には返信せずに放置しますが、あまりに煩雑でメンタルに支障をきたしそうな場合は、こちらから配信除外設定をすることで、メッセージそのものが目に入らない状況にすることができます。配信除外設定をすると、一斉配信やシナリオの配信対象外になり、こちらから余計な発信をしないで済むのでゆるやかに関係を断つことができます。なお、先方からLINE公式宛に送られたチャットメッセージもUTAGE管理画面では目に入らなくなります。

さらに、UTAGEにはLINEカスタム送信者という機能があり、LINE公式アカウントに設定してある名前やアイコンではない見せかけで、一斉配信やステップ配信が可能ですし、個別のLINEチャットでも「別担当者からの返信」という見せ方をすることができます。

SECTION

4-02 UTAGE

シナリオとステップ配信

ファネル内の画面遷移を手助けするために、メールやLINEメッセージでもページのURLを送ります。

シナリオとは？

キャンペーンやイベント、商品ごとにシナリオを分けて運用します。このため、1つのシナリオは見込み客リストを細かく分類したものといえます。1つの配信アカウントの下に複数のシナリオを配置でき、これらをグループ管理することができます。

シナリオに設定できるメッセージの種類は4つあります。「メール」「LINE」「SMS」「アクション」です。

メール／LINEについては詳しく後述しますので、まずは、SMSからお伝えします。「SMS」とは、スマホ（電話番号）に届く、ショートメッセージのことです。利用申し込み（初回のみ）と、従量課金（1通8円／税込）で配信手数料がかかります。

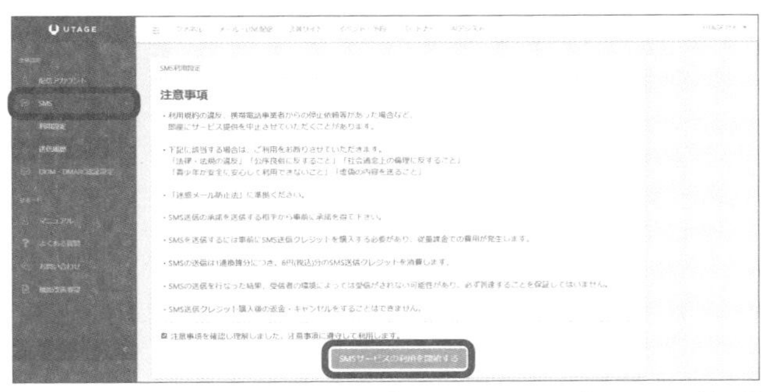

上部メニュー【メール・LINE配信】＞左メニュー「SMS」＞利用設定画面。初回のみ

注意事項にチェックをつけ、緑「SMSサービスの利用を開始する」ボタンを押します。

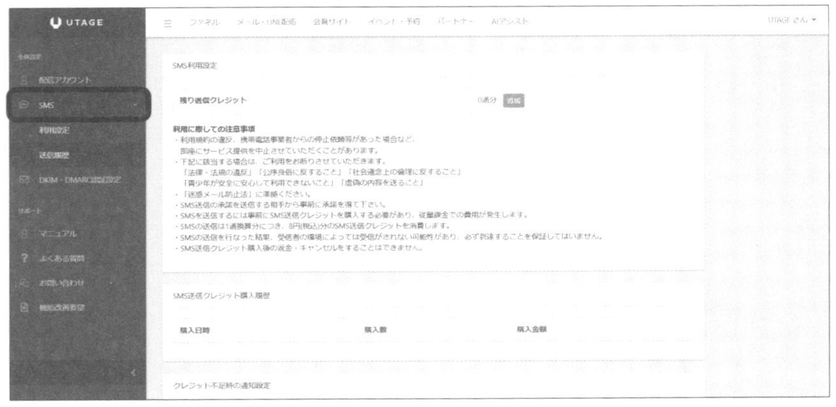
送信クレジットを先払いしておくことで利用できる。最低100通から

■配信手数料

100通	800円
500通	4,000円
1000通	8,000円
2000通	16,000円
5000通	40,000円

●文字数カウントについて

全角・半角ともに1文字、改行は2文字。メッセージ内に含まれる置き換え文字やURLは、実際の文字数（URLは短縮された文字数）でカウントされます。

1送信メッセージで70文字以内の場合は1通、70文字を超える場合は66文字毎に1通で換算します。たとえば、おひとりに88文字のメッセージを送る場合に2通換算となるので、それだけクレジットを消費します。

1回の文字数上限は置き換え文字の置換後の文字数でカウントして「330文字（5通分）」までです。特に、%event_info%は置換後の文字数がかなり多いので、利用の際に注意が必要です。

送り先がスマホの電源を切っていたなどして実際には届いていない場合もクレジット消費されます。

LINE通知よりもはるかに緊急性が高く、多くの受信者が見てしまうメッセージではありますが、お値段が高いことと、使いどころを間違えないようにしてください。

「アクション」については、シナリオアクションのことです。メール／LINE／SMSなどのメッセージ設定にもつけられるのですが、配信そのものをトリガーとせず、日時指定したときにステルス状態でアクションが実行できます。

たとえば、全体まとめメルマガにシナリオ移動するのを、最終ステップメッセージの配信時ではなく、さらにその3日後にしたいときなど、メッセージ配信と同期させたくない処理の際に利用します。

シナリオ運用の事例

例えばですが、オプトインしてもらう大元のシナリオ（＝リスト）があり、そのうち、セミナーに参加申し込みした人は、リマインドを目的としたシナリオに登録したり、その後、個別相談の申し込みがあった人は（リマインドを目的とした）シナリオに登録したりして、カスタマージャーニーにあるイベントごとにシナリオをどんどん切り分けて運用していきます。

ちなみに、一旦シナリオを離脱（購読停止）すると、元のシナリオの配信済みのあとのステップ位置には戻れませんのでご注意ください。

例えば、「2025年新春3チャレのやり方を教える企画（仮）」をやるとして、無料のフロントセミナーとその後の個別相談を行うセールスファネルを設計したとします。この場合、利用するシナリオは主に3

つです。

ファネルを進行するにつれシナリオ読者数は減っていく

- キャンペーンメインシナリオ
- フロントセミナーリマインダ
- 個別相談リマインダ

　これらのシナリオを1つのグループ「202501新春3チャレ」に入れて管理します。

シナリオ管理サンプル

　キャンペーンメインシナリオに100名がオプトしたとして、フロントセミナーリマインダには30名、個別相談リマインダ15名というように、どんどん数が絞り込まれていくのですが、シナリオ名を見れば見込み客のセールスファネル上での現在位置（ステータス）がわかるようにもなります。

基本的には、見込み客のアクションごとに別シナリオを作ってUTAGEを運用していくのだということを覚えておいてください。

なお、UTAGEでは1シナリオごとにフォームの設定ができます。登録フォームを増やしたいとか、アンケートフォームを作りたい場合は、シナリオを増やしてください。

ステップ配信とは？

シナリオは、主にステップ配信のために使います。ステップ配信とは指定したスケジュールで、指定したメッセージを、システムが自動的に送ってくれる便利機能です。

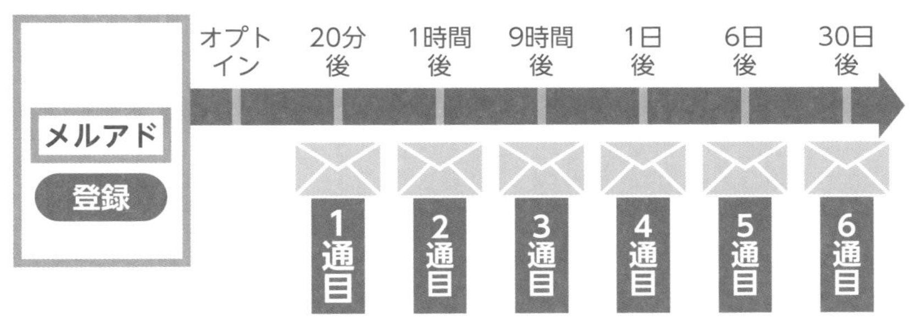

オプトイン日時から、そのひとに合わせた進行でメッセージが送られる

実際のオプトイン日時（ステップ配信開始日時）はそれぞれに違うので、毎日1通を7日間送るシナリオにした場合に、全体で見るとこのような動作になります。

システムがスケジュール通りにメッセージを送ってくれる

ステップ配信を有効に使おう

オプトイン後は、1週間はステップ配信機能を使ってメッセージを送り続けてください。登録直後のあいさつメッセージだけで、その後のフォローを怠ると、見込み客は何も行動してくれません。オプトイン後は、何通か追いかけるメッセージをステップ配信で送り、あなたのオファーが他社からのメッセージの中に埋もれてしまわないように働きかけを行いましょう。

登録直後の連絡のためだけに、オートレスポンダー機能としてだけ利用する方もいますが、もったいないことです。さらに、見込みリストだけ取得しておいて、何のオファーもしない、連絡すらしないというのは機会損失極まりないですので、必ず、ステップ配信の設定をして、初回オファーをしましょう。なお、キャンペーン開始や申し込み開始など、シナリオ購読者に対して日時を指定してメッセージを送りたい場合は、一斉送信機能を使います。

シナリオが果たす役割とは？

シナリオは、ファネル内にあるページとページをつなぐ役割も持ちます。ページからLINEアプリに移動すると、Web上の画面遷移の流れから一旦離脱してしまうので、ステップ配信メッセージを介して、またLPページにアクセスしてもらい、カスタマージャーニーに戻します。

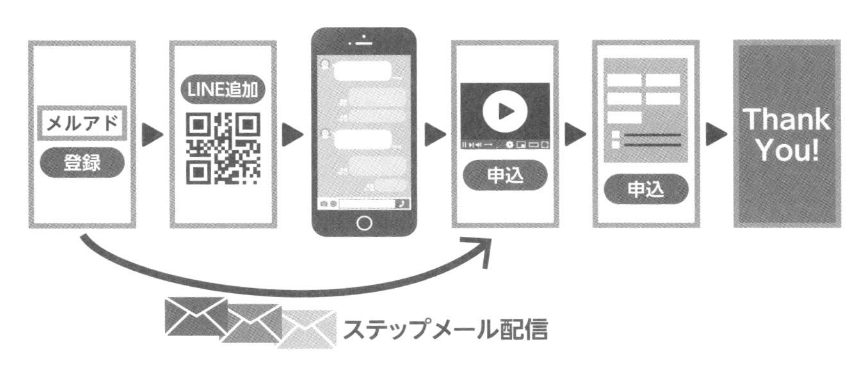

ページ遷移をメッセージによってサポートする

UTAGEでは、メール・LINEともにリンクそのものに有効期限の設定ができません。代わりに、ファネルのLPページそれぞれで表示期限設定をします。**必ず、見込み客に求める行動に対して締め切り日時を設けるために、ファネルのLPページでコンテンツをお届けする形にしてください。**

理由は、人は期限がないと動かないものだからです。締切効果とも呼ばれます。いつまでも見られる動画、いつでも受け付けている個別相談では「今は、申し込みしない」「今、決断して行動せずに先送りできる」という魅力的な選択肢を与えているのと同じです。

メールとLINEを配信同期できるようにする

UTAGEでは、配信アカウントの種類で「メール・LINE併用」を選び、なおかつ、メールアドレスとLINE情報を統合しておくことで、配信同期したメッセージを送ることができるようになります。

メールのみ

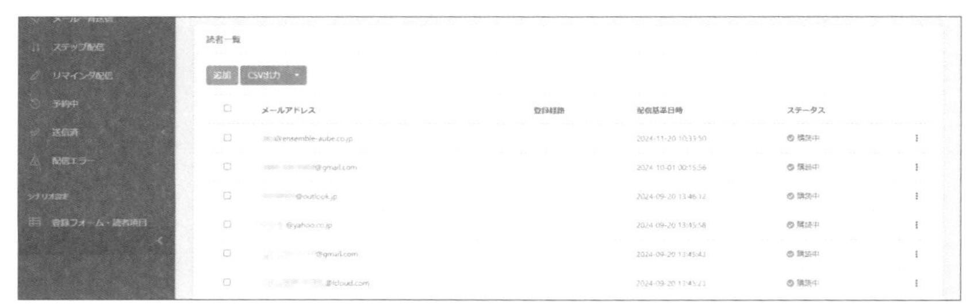

メールアドレスのみがシナリオの読者一覧に並ぶ

LINEのみ

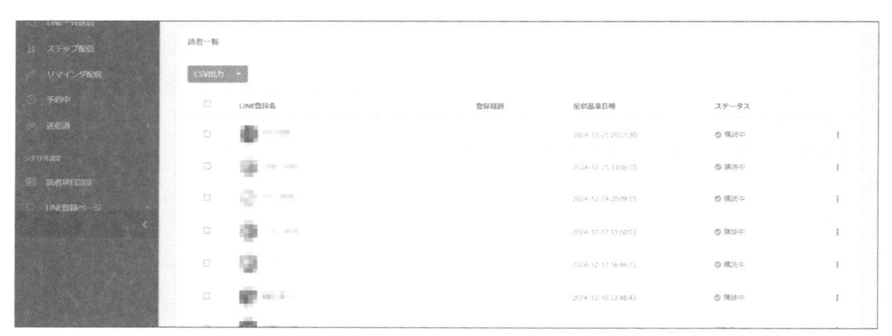

メールアドレスのみが読者一覧に並ぶ

メール・LINE併用

LINEとメールアドレスの情報が統合された理想の状態

しかしながら、メール・LINE併用を選んでいても、しっかりとメールアドレスとLINE情報を統合させてデータを一本化できていない場合は、別の読者扱いとなり、配信同期しません。

読者情報が統一されていないので、たとえ同じ人であっても配信同期しない事例

このため、メールとLINEを配信同期させたい場合は、LPの画面遷移や、ステップメッセージを使って、読者データが1つにまとまるようにファネルを構成する必要があります。

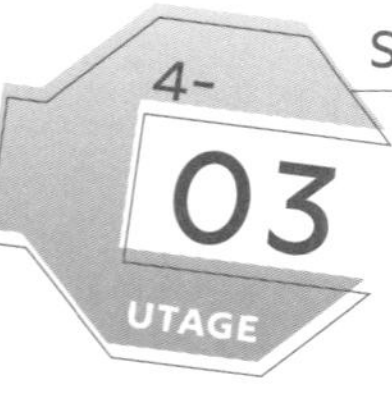

SECTION

シナリオを送るタイミングと内容について

見込み客へは、とにかく理由をつけて連絡し、回数を重ねることが大事です。

基本戦略を理解する

見ず知らずの「はじめまして」の見込み客が、SNS投稿や広告などであなたや商品サービスのことを認知し、この人の話なら聞いてもいいかと思ってオプトイン（メルアド登録やLINE追加）して接点を持ち、その後、信用の壁や信頼の壁を超えて、最後には、あなたの個別相談に申し込みしないと損だ！と思って、実際の申し込みをしてもらう。

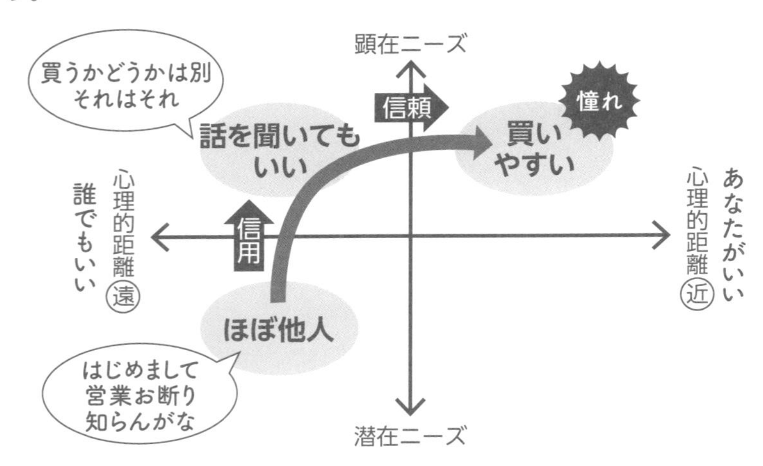

感情の流れ

この感情的な変化を起こすように、基本的にはプレゼント動画の中で情報提供するのですが、様々な理由で動画をちゃんと見ていない人もいるので、動画で伝えているのと同じようなことをメール・LINEを利用して、テキストメッセージでも伝えていくのが「かんたんLINEファネル」でのステップ配信の基本戦略となります。

　メッセージの文章は、プレゼント動画の書き起こし文章を送っても大丈夫です。動画、音声、テキストなどファイル形式が変わることで、全く同じ内容だったとしても受け取り側の印象が違うので、別物と感じられるからです。

　次に、今すぐの需要をとるために時短作戦を行います。日数や回数をかけて文章量を読んでいただいて信頼構築していくよりも、1本でいいから動画を見ていただいた方が素早く信頼構築できるからです。このため、かんたんLINEファネルでは、ステップメッセージの3日目まではプレゼント動画を見るように促し、その後は、個別相談の申し込みを直接的にオファーしていきます。

　オプトインの段階で熱量が高く、見込み度が高い人は、LINE追加後すぐに動画を見てそのままの流れで個別相談の申し込みもしてきます。平均値でいうと、申し込み数に対して8割くらいがオプトインから3日以内に申し込みがあります。その後、受付締切間際に駆け込みで残りの1〜2割くらいの申し込みがあります。1週間では悠長すぎて興味関心が他にうつってしまう分野の商品を販売している場合は、視聴期限3日間の超・短期決戦型にしても良いでしょう。

　なお、動画1本の個別相談オファーの場合、新規リストから平均10%が個別相談申し込み率です。残り9割に関しては、個別相談オファーに反応しない、と言うことになります。この人たちは、あなたやあなたの商品サービスに対して、「今」の優先順位を高く保ってくれなかった人です。理由は、他のもっと魅力的な案件に興味関心が移ってしまったとか、単に生活が忙しすぎるだけかもしれません。または、疑り深くて信頼構築に時間がかかるタイプの人なのかもしれません。今、買う気がない・今、時間がなくて集中できない人に、販売側の都合で買え買え言っても仕方がありませんので、オプトインから7日間という期間で区切って、次の機会に持ち越します。

まずは、今すぐの需要がある人から個別相談予約をいただき、条件が合いそうならバックエンド商品の購入オファーするための、ステップ配信で送る内容について詳しくお話ししていきます。

この章を読み終わるときには、以下のようなステップシナリオが完成しています。ひとつずつ、作っていきましょう。

まずは下書きする

いきなり、管理画面で1メッセージずつ書こうとする人が多いのですが、そのやり方で、最後まで作れる人はごくわずかです。ちゃんと筋道立てたメッセージを送るためにも、テキストエディタやメモ帳アプリ、Googleドキュメント、Notion（ノーション）など、お好きなものでよいので、送る予定のテキストメッセージを一覧できるもので下書きしましょう。あとで、コピペして設定するだけでよくなるので、作業そのものがかんたんになります。

本書の購入特典
あなたのケースに書き換えるだけで使えるシナリオサンプル文章をお渡ししておりますので、本書特典をご覧ください。

LINEメッセージはどうするのか？

●オプトインすぐ（登録直後）

短い挨拶と、プレゼント動画のご案内をします。プレゼント動画の中で、自己紹介や権威性についてはお伝えするので、このメッセージでは、素早く動画を再生させて、見込み客の中に信用・信頼の構築をスタートさせることを第一優先の目的にしてください。

「かんたんLINEファネル」では、**主にLINEでメッセージして、初動は動画視聴をプッシュしていきます。**メールを読むことが習慣化されている見込み客ではない場合に、「ただメルアドでオプトされただけ」でちっともメッセージを開封しないという事態が起きやすいためです。いわゆる「捨てアド」での登録だったのかもしれません。

初回オファーは、主にLINEでメッセージするようにして、今すぐの需要をしっかりとつかまえにいきましょう。

①友だち追加ありがとうございます！

プレゼント動画はこちらをタップして今すぐご視聴ください
[動画視聴ページのURL]
約20分

※明日までに動画視聴したひとにのみ、限定のシークレット特典

をお渡ししています

LINE登録後85%以上がメッセージを開封して目に入る、大事な大事なメッセージです。端的に、間違えようがないほど明確に、見込み客さんにしてほしい行動を伝えましょう。
「約20分」については、あなたが作成したプレゼント動画の分数に合わせて書き換えてください。メッセージ内の[動画視聴ページのURL]には3章ー6で作成したラベル「CL動画ページ」を設定します。UTAGEでの詳しい設定方法については後に扱います。

登録直後のメッセージでは、LINE登録名（%line_name%）の置き換え文字を使わない方が良いです。LINE名は、本名ではないものを設定している方も多いですし、フルネームで機械に呼びかけられたところで（なんだかなぁ）だからです。

●5分後
ラベル「CL動画ページ」がついていない読者（動画視聴ページにアクセスしていない）を対象に、今すぐ見てねの行動を促すメッセージを送ります。

②↑シークレット特典のお渡しは明日の1通のみです

タイミングを逃すと受け取れませんので、講義動画をご覧くださいね

配信対象を絞り込んで配信設定する方法については設定のときにお伝えします。

本心としては「今すぐ動画を再生してじっくり見てくれ」ではある

のですが、これをそのまま直接お伝えしても、販売者都合の押し付けでしかありません。気遣うふりで良いので、見込み客の注意を「スマホで動画を見ること」に引き戻します。

●1日目朝

LINE登録していただいた次の日に送るメッセージです。プレゼント動画の中でお伝えしている内容をテキストで文字起こしして、要約したものを送ってください。

③あなたはこんな風ではありませんか？

・ほとんど連絡していないメルマガリストがある

・広告が不振で、新規リストが取りづらい

・ライバルが増えてしまったのか、これまでのセールスファネルでは成約率が落ちてきた

よければ、いくつ当てはまったのか、メッセージで教えてくださいね。

これらを一気に解決できるのが「3チャレ」というライブローンチでの販売手法です。

3チャレとは、実際、何ぞや？どうやって開催するの？なども、講義動画で詳しく解説しています。

今すぐ、動画視聴して内容をご確認ください
▼再生する

[動画視聴ページのURL]

※視聴期限：あと6日

追伸＞
本日の20時にLINE追加のシークレット特典について案内を送ります。

それまでに講義動画を見ておいてくださいね

サンプルだと本文が長くなってしまっていますので、減らすのもおすすめです。なお、本文途中にはさまれたURLはタップされづらい傾向があるため、URLに関しては、スクロールしなくても見える位置に配置しています。

●1日目夜20時8分
配信対象：ラベル「CL動画ページ」がついている読者

❹お待たせいたしました！

LINE追加のシークレット特典はコチラです

◆3チャレ参加者募集ページのスワイプファイル集
[URL]

こういう企画あったんだ〜！って、めちゃくちゃ参考になりますよ

メールでもURLをお送りしておいたので、受信箱をご確認くださ

い

メールアドレス
%mail%

もし、迷惑メールボックスに入ってしまっていたら
「迷惑メールではない」をポチ！していただけると、たいへん、助かります

%mail%は置き換え文字です。実際にLINEメッセージが先方に届いたときには読者のメールアドレスに変換されて届きます。

●2日目8時

⑤動画ではこんなことをお伝えしています

・なぜ、3チャレが有効なのか？

・バックエンド販売につながりやすい企画とは？

・運営が楽になる意外なコツ

詳しくは講義動画を再生してご確認ください
▼再生する
[動画視聴ページのURL]

※視聴期限：5日

なぜ、「動画を見て」しかお伝えしていないのかというと、動画内で個別相談のオファーをしており、意欲が高い人はすでに個別相談を予約して、このキャンペーンメインシナリオからは離脱しているからです。

つまりこのメッセージ受信の対象者は、動画をまだ見ていないか、個別相談オファーに魅力を感じておらず申込していない人たちとなります。

●3日目

⑥3チャレをやってみた方は、こんなことを言っています

・カッスカスの既存リストからも、やればまだまだ売上があがる！

・バックエンド講座の成約率が高くてヤバい、えぐい

・参加者さんがめちゃくちゃ感謝してくれる。うれしい

なぜ、3チャレをやればそんな成果が得られるのか？詳しくは動画を再生してご確認ください
▼再生する
[動画視聴ページのURL]

視聴期限（あと4日）内は、何度でも見てOK

●4日目

送る内容を、プレゼント動画を見てねというご案内から、個別相談オファーに切り替えます。だいたいここまでで、行動が早い人はすでに動画を見て、オファーに反応して個別相談申込完了しています。ファ

ネル全体で月間個別相談申込数が10だとしたら、ここまでで8，9の申込があります。残りの2割を個別相談に申し込みさせるための内容を、ここからは送っていきます。

⑦先日、チームメンバーと

「どうすれば3チャレの運営負担を下げられるのか」

且つ、

「成約数をもっと上げるには」

これらを両立するためのアイデアをディスカッションしていました。

結果としては
バックエンドの商品内容によるよね…と、なってしまいまして…

プレゼントさせていただいた3チャレ動画講義では、全般的な傾向についてお話をしたのですが

やはり、個別具体的な話をしたほうが、お役に立てるよね…ということで、相談を受け付けています。

あなたのケースでは

・そもそも3チャレが有効なのか

・どういう企画なら売上あがりそうなのか

そういうお話を、個別にさせてもらっています。

▼相談予約はコチラから
[個別相談申込ページのURL]
無料受付はあと3日で終了

●5日目

⑧あなただけの3チャレ企画をプレゼント

1時間のZoomセッションでヒアリングさせていただき

「これなら、自分にもできそうカモ！」な3チャレ企画をプレゼントしています。

▼ご予約はコチラから
[個別相談申込ページのURL]
無料受付は今日と明日で終了

●6日目　最終日は3通送る

混乱しがちなのですが、オプト日を含む7日以内を動画視聴期限とした場合、ステップ配信は6日後が最終日となります。

	Day1	Day2	Day3	Day4	Day5	Day6	Day7
オプト日付	1/1	1/2	1/3	1/4	1/5	1/6	1/7
シナリオ登録から	0日後	1日後	2日後	3日後	4日後	5日後	6日後

締切最終日は、最低でも3通送ります。もう、動画をみるメリット・

ベネフィットや、個別相談を受けるメリット・ベネフィットについてはお送りしているので、リマインドのみでも大丈夫です。

●6日目　1通目朝

⑨本日、講義動画の公開終了です

最後にもう一度だけ、動画講義を見ておきたい方は、今のうちにどうぞ

▼動画を見る
[動画視聴ページのURL]

●6日目　2通目昼

⑩3チャレ企画を作る！無料個別相談のお申込みも本日23:59で終了です

▼予約する
[個別相談申込ページのURL]

●6日目　3通目18時

⑪念のための最終連絡です。

あと6時間で動画視聴および個別相談の受付終了です

●7日目　クローズ

追い込み終了を宣言し、全体まとめメルマガへ移動する旨を通知します。メッセージにアクション設定して、全体メルマガへと合流させます。

> ⑫ここまでお付き合いいただきましてありがとうございました。
>
> 講義動画の視聴および、個別相談のお申し込み受付を終了いたしましたので、ご連絡さしあげます。
>
> 今後も、あなたのビジネスに役立つ内容を配信していきますので、楽しみにお待ちください

こんなに毎日通数を送るのかとビックリした方もいるかもしれませんが、通数を減らすとそれだけ、**あなたからのLINEのメッセージは他の人からのメッセージに埋もれてしまい、見込み客の目に入る機会を失います。**目に入らなければ、メッセージ開封もありませんし、メッセージ内の文章を読んでいただくこともできません。

LINEアプリのトークルーム一覧は、公私ともどもアテンション（注意・関心）を獲得しようとしている激戦区ですので、そもそもの配信頻度で負けないようにすることが大事です。

メールはどうするのか？

「かんたんLINEファネル」の基本は、メインで連絡するプッシュ媒体がLINEだということ。メールは、あくまでもリスクヘッジのための個人情報取得を目的としています。ですが、メルアド登録したあと、LINE

追加がないケースもありますので、ここを重点的にケアしていきます。

⑬件名：※操作必須※今すぐ、プレゼントをお受け取りください

3チャレ事務局金城です。

プレゼント動画の請求ありがとうございます。

お手数をおかけして誠に申し訳ございませんが、
プレゼントの講義動画はLINEでお渡ししております。

今すぐ、LINE追加して
▼お受け取りください

[LINE追加URL]
[QRコードの画像]

※LINE追加でシークレット特典をお渡ししています

●5分後

配信条件で、配信：次のLINEを開封していない、LINE登録直後かつ、動画ページCLラベルがないを設定します。詳しい設定方法はあとで解説します。

⑭件名：【ご案内】LINE追加でもらえるシークレット特典

3チャレ事務局金城です。

LINE追加でもらえるシークレット特典は

◆3チャレ参加者募集ページのスワイプファイル集です

【イメージ画像貼り付け】

誰が、どんな企画の3チャレをやっていたのか、
あなたの代わりに
さまざまな事例を収集して、一覧にしておきました。

ぜひ、あなたのビジネスにお役立てください。

受け取り方法は、今すぐ、LINE追加するだけ！

[LINE追加URL]
[QRコードの画像]

追伸＞
LINEでお渡ししているのですが、タイミングによっては
受け取れないかもしれません・・・

3日が経過しても、連絡がないようでしたら
このメールに返信する形でお知らせください。

返信ボタンをポチ！送信ボタンをポチ！と
2回押すだけでOKです。

とはいえ、何かしらメッセージが書いてあると
とてもうれしいです

●1日目　夜20時

配信対象：ラベル「CL動画ページ」がついている読者、且つ、次のLINEを開封している、LINE登録直後にします。

⑮件名：【シークレット特典送付】3チャレ参加者募集ページのスワイプファイル集

お待たせいたしました！

LINE追加のシークレット特典はコチラです

◆3チャレ参加者募集ページのスワイプファイル集
[URL]

こういう企画あったんだ〜！って、めちゃくちゃ参考になります

特典の使い方をレクチャーしている動画を追加プレゼントするのもよいです。

商品サービスによって、最適な配信間隔が違う

あなたが販売している商品サービスが起業／副業などのビジネス系なら、これまでの通数を7日間ではなく、3日間で全て送り終えてください。日付や締め切り日のところを設定変更する必要があります。

	Day1	Day2	Day3	Day4	Day5	Day6	Day7	Day8
7日間	①②	③❹	⑤	⑥	⑦	⑧	⑨⑩⑪	⑫
3日間	①②③	❹⑤⑥	⑨⑩⑪	⑫				

短縮する方法

同じ通数を3日間のうちに送りきります。理由は、悠長に毎日1通ずつ送って反応を待っているうちに、見込み客は他のライバルの商品サービスを買ってしまっていなくなってしまうからです。追い込みメッセージの質と量が成果を決めます。決して、登録直後のあいさつメッセージだけで終わらせることのないようにしてください。公式LINEのメッセージ送信数を極端に節約しようとする人ほど、ビジネスがうまくいかないように感じています。

SECTION 4-04 UTAGE

LINEメッセージを設定しよう

シナリオの下書きができたら、実際にシナリオに設定していきます。メールとLINEのメッセージ文章は、1本のシナリオに入れていきます。

メールとLINEのメッセージ文章は同じシナリオへ

「メール・LINE併用」の場合は同じ1つのシナリオ内にメール用の文章と、LINE用メッセージ文章の2種類を設定します。このほか、配信をトリガーとせず、日時指定だけでアクションを稼働させることもできます。

まれに、メール用メッセージとLINEメッセージを2つのシナリオに分けて制作する方がおられるのですが、それだと配信同期に問題が生じがちですし、設定も面倒です。1シナリオに全部いれるようにしてください。

新規ステップ追加

UTAGE管理画面の上部メニュー【メール・LINE配信】＞配信アカウントを選択＞サンプル「3チャレの魅力を伝えるシナリオ」をクリックして詳細画面になります。この状態では読者一覧が表示されているので、左メニューにある「ステップ配信」を選んでください。

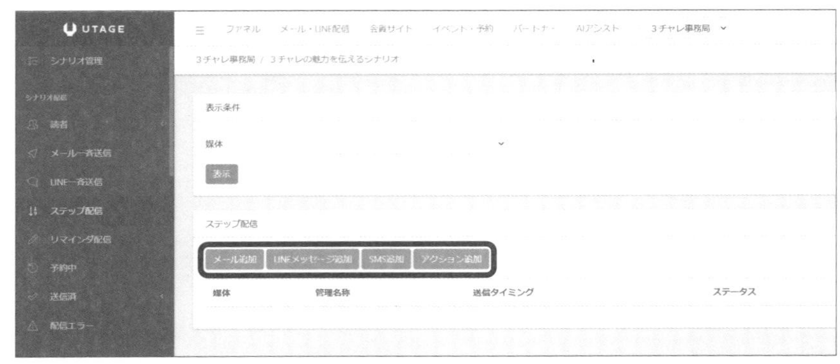

シナリオに設定できる「メール」「LINE」「SMS」「アクション」の新規追加ボタンが並ぶ

緑「LINEメッセージ追加」ボタンを押します。

●①登録直後

【設定項目】

管理名称・・・登録直後：動画ページ

配信条件は変更なし。

テキストメッセージひとつだけのため、「本文」欄に事前に下書きしておいた文章を貼り付けます。

続いて、本文内にある[動画視聴ページのURL]を実際のURLに書き換えるために、取得しに行きます。

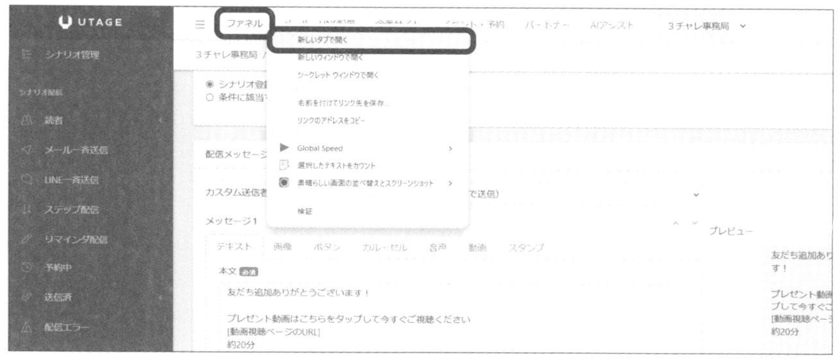

ページ上部メニュー【ファネル】をマウスで右クリックして、Windows「新しいタブで開く」を選ぶ

別のブラウザタブで開きます。

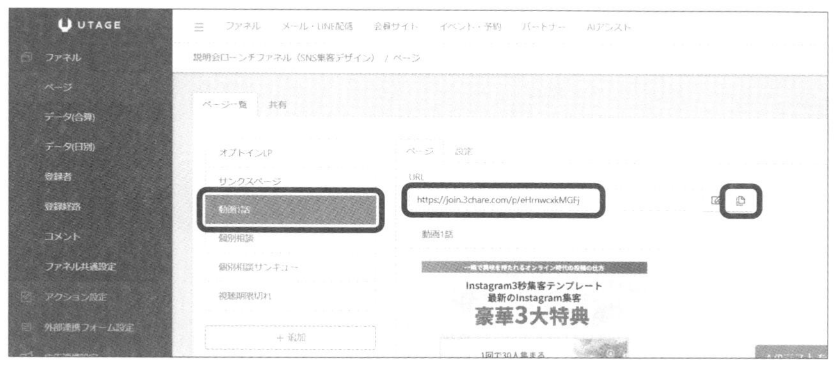

ファネル選択＞「動画1話」ページを開き、URLをコピー

このページURLはあとのメッセージでも使うので、下書き文章に貼るなどして別途保管しておきます。

ブラウザタブを切り替えて、LINEメッセージ編集画面に戻り、編集します。

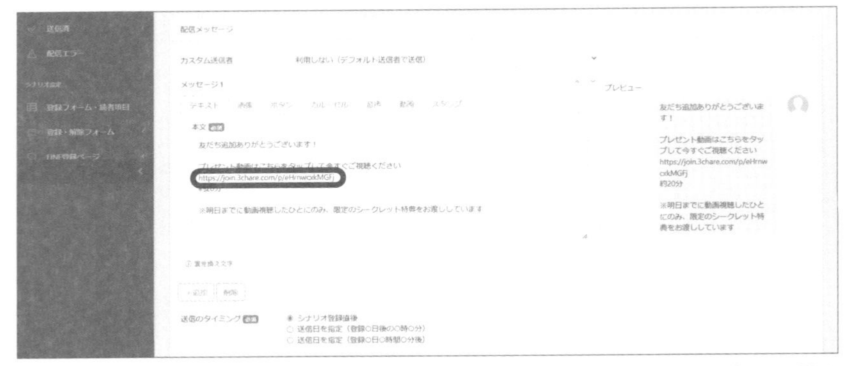

メッセージ内に記載してある[動画視聴ページのURL]を、貼り付け（ペースト）して置き換え

リンクURLの前後には余計な文字装飾をつけず、URLだけを記載してください。

【設定項目】
送信のタイミング：シナリオ登録直後
既存読者への送信：配信時間前の読者:配信予約配信時間後の読者:配信しない

リンクを開いた際に実行するアクション：新規にアクションを追加

【設定項目】

種類：ラベルを変更

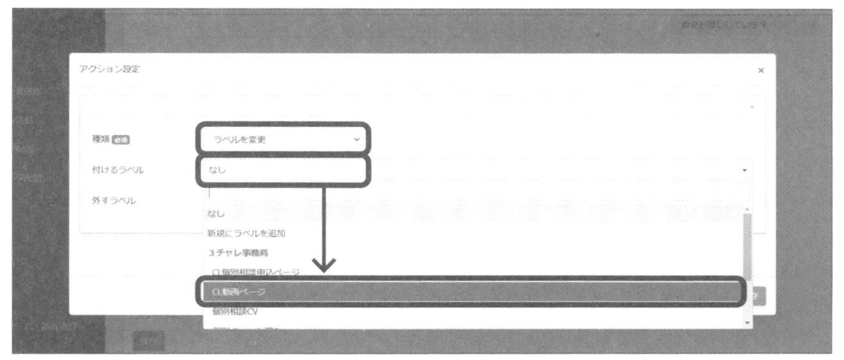

3章ー6で作成したラベル「CL動画ページ」を選択

最後に、緑「保存」ボタンを押して、ダイアログが消えるとこの状態になる

ページ下の緑「保存」ボタンをゆっくり1回だけクリックしてください。画面の切り替わりが遅くて何度もボタンをクリックすると同じメッセージがいくつも作成されてしまいます。

●②5分後　追撃

ステップ配信一覧ページで緑「LINEメッセージ追加」ボタンを押し

ます。

【設定項目】

［管理名称］5分後：クリックしてない人に追撃

配信条件：条件に該当する登録者に配信（条件を指定する）

「ラベル」「に次を1つ以上含む人を除外」「CL動画ページ」を設定

「本文」欄に事前に下書きしておいた文章を貼り付けます。

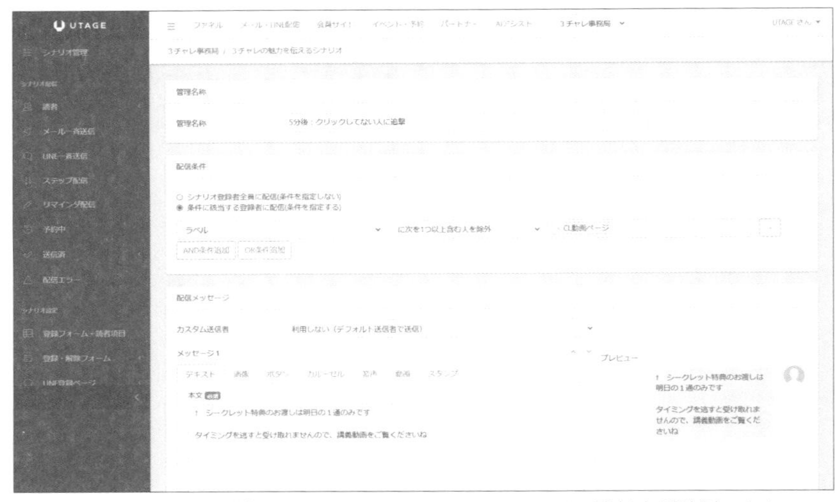

メッセージ本文にURLが含まれないためこのLINEメッセージは開封率が計測できない

【設定項目】

送信のタイミング：送信日を指定（登録○日○時間○分後）

シナリオ登録「0」日「0」時間「5」分後に設定

●③1日後　8時

　ステップ配信一覧ページで緑「LINEメッセージ追加」ボタンを押します。

【設定項目】

［管理名称］1日後朝：あなたはこんな風ではありませんか？

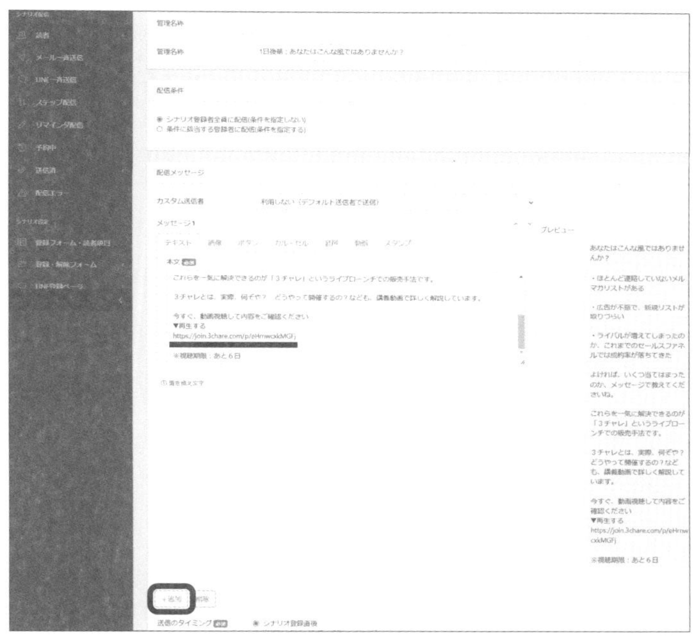

ひとつめの文言にある[動画視聴ページのURL]は、以前も送った「動画1話」ページのURLに貼り替える

「＋追加」ボタンを押して、吹き出しを増やします。ちなみに、横にある削除ボタンを押すと、直上にある吹き出しが削除できます。

　テキストの「本文」欄に下書きしておいた文章を貼り付けます。

【設定項目】

送信のタイミング：送信日を指定（登録○日後の○時○分）

シナリオ登録「1」日後「8」時「0」分

リンクを開いた際に実行するアクション：ラベルを付ける（CL動画ページ）※1通目と同じ

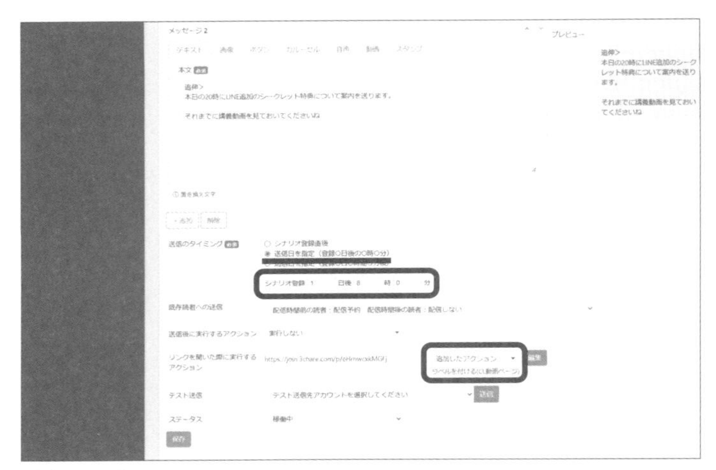

設定サンプル

●❹1日目　20時8分

【設定項目】

［管理名称］1日後20時8分：CL動画視聴ページ対象シークレット特典配布

配信条件：条件に該当する登録者に配信(条件を指定する)

「ラベル」「に次を1つ以上含む」「CL動画ページ」

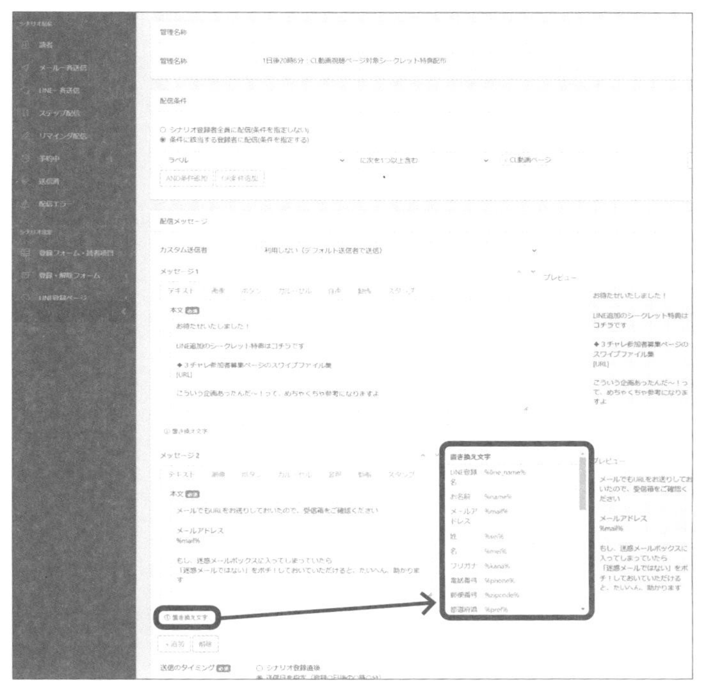

設定サンプル

【設定項目】

送信のタイミング：送信日を指定（登録○日後の○時○分）

シナリオ登録「1」日後「20」時「8」分

●置き換え文字の利用方法

　メッセージ2の下にある「置き換え文字」をクリックすると右側に利用できるものが一覧で表示されます。

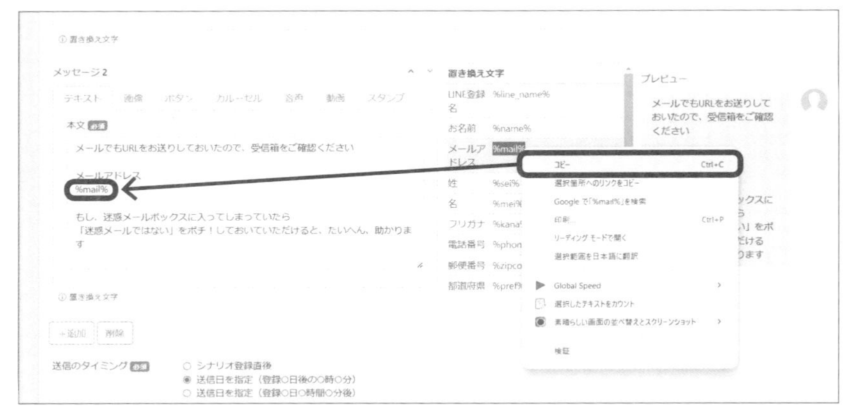

使いたい置き換え文字をマウスで選択して、クリップボードにコピー。これをメッセージ2のテキストに貼り付ける

⑤2日目　8時

【設定項目】

［管理名称］2日後8時：動画ではこんなことをお伝えしています

メッセージ内にある［動画視聴ページのURL］は、以前も送った「動画1話」ページのURLに貼り替えてください。

送信のタイミング：送信日を指定（登録◯日後の◯時◯分）

シナリオ登録「2」日後「8」時「0」分

リンクを開いた際に実行するアクション：ラベルを付ける（CL動画ページ）※1通目と同じ

「あと、〇日」を実際の日付で表記するには

期限があることは伝わりますが、具体性が足りない表現になっているので、これを、読者に合わせてアレンジして表示されるように、置き換え文字を使います。

本文入力欄の左下「置き換え文字」をクリックすると、本文欄右側に一覧が表示されます。配信基準日時「%base_date%」をクリックすると、ダイアログが開きます。

日数加算する

配信基準日時はずっと変わらないので、動画視聴ページに設定した視聴期限と同じ日付を設定しておきます。

表示された文字列をコピーして、本文に貼ってください。なお、7日加算のままなので、このあともステップの最後まで使いまわすことが可能です。

設定サンプル

●⑥3日目　8時

【設定項目】

［管理名称］3日後8時：3チャレをやった感想

送信のタイミング：送信日を指定（登録○日後の○時○分）

シナリオ登録「3」日後「8」時「0」分

リンクを開いた際に実行するアクション：ラベルを付ける（CL動画ページ）※登録直後と同じ

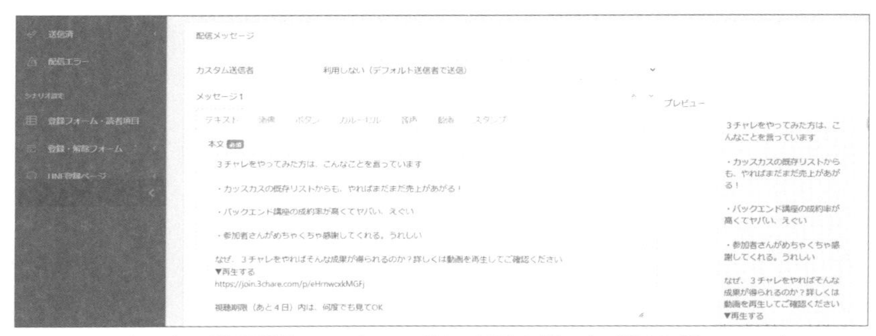

メッセージ内にある[動画視聴ページのURL]は、以前も送った「動画1話」ページのURLに貼り替える

●⑦4日目　8時

【設定項目】

［管理名称］3日後8時：3チャレをやった感想

画像を送りたいときはメッセージ1のタブを「画像」に切り替えます。

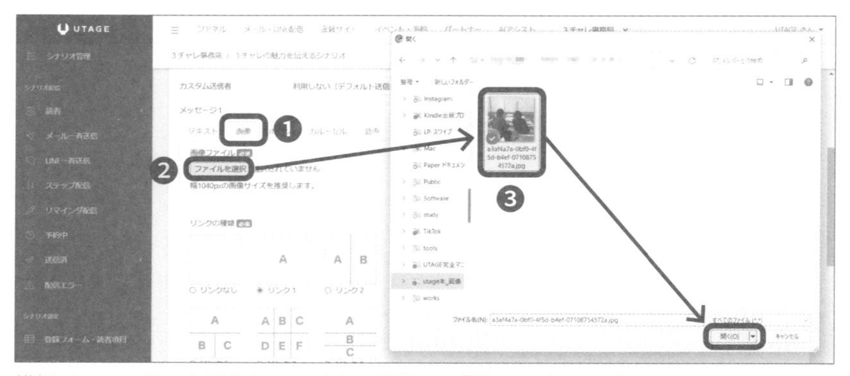

横幅1040pxで作った画像を、PC内から選択し、「開く」ボタンを押す

今回は、イメージ画像を送りたいだけで画像クリックしても拡大表示されるだけでよいので、「リンクの種類：リンクなし」を選びます。

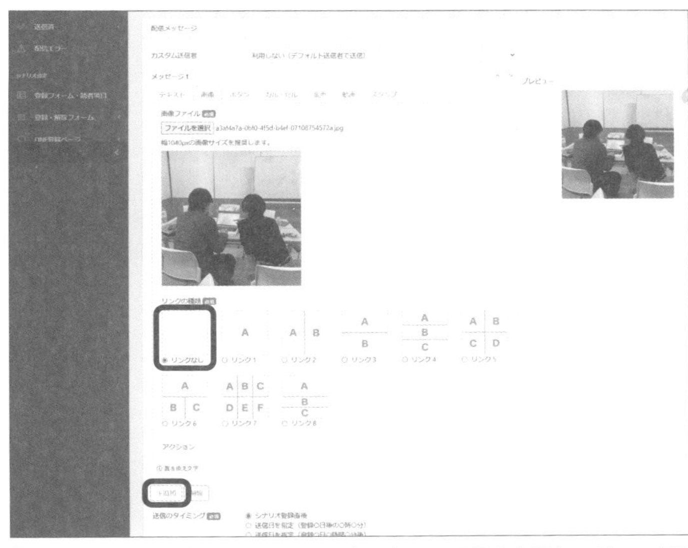

「＋追加」ボタンを押して、2つ目の吹き出しに下書き文章をコピペで反映

[個別相談申込ページのURL]には、ファネルで作っておいた「個別相談」ページのURLを貼り付けます。

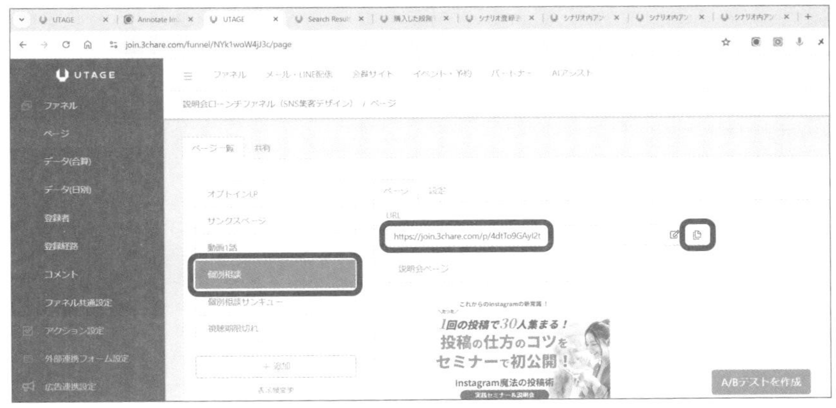

別のブラウザタブで、上部メニュー【ファネル】＞ファネル選択＞個別相談ページのURLを取得

リンクを開いた際に実行するアクション：ラベルを付ける（CL個別相談申込ページ）

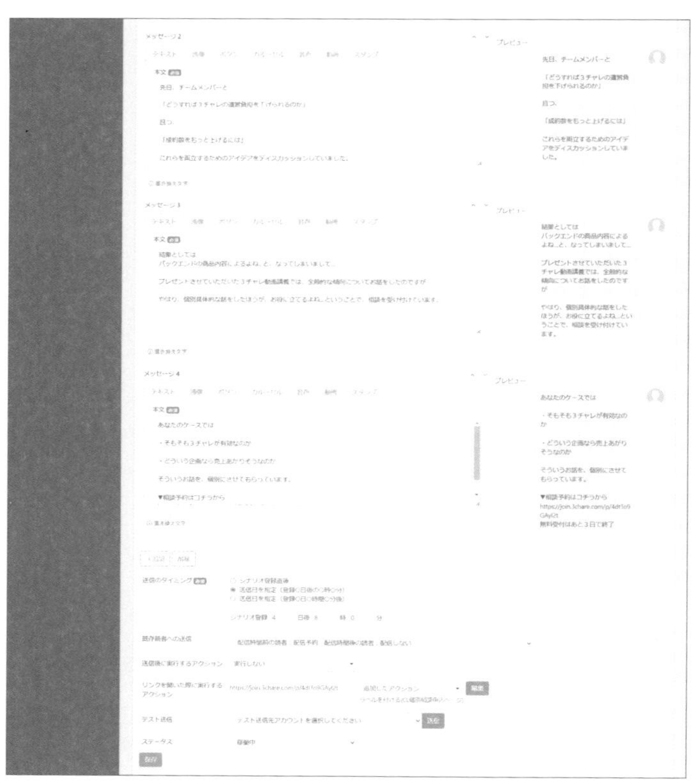
設定サンプル

ちなみに、1回のメッセージで5要素（＝吹き出し）まで送れます。

⑧5日目　8時

【設定項目】

［管理名称］5日後8時：個別相談推し（ボタン）

今回は、シンプルなリンクURLではなくボタン画像でも訴求します。

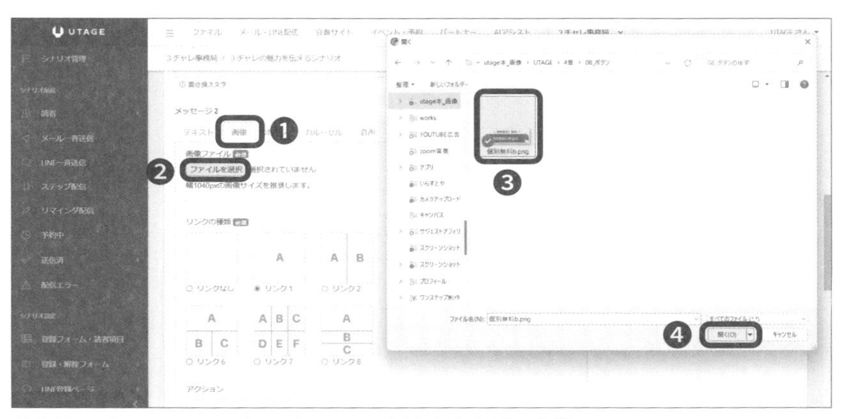

見た目のバリエーションをつけることで反応率を上げる作戦

【設定項目】

リンクの種類：リンク1

アクション：エリアAの動作を「URLを開く」を選択し、URLは個別相談申込ページを入力します。

続いて、通知欄に表示するテキストには「無料受付は今日と明日で終了」と入力してください。

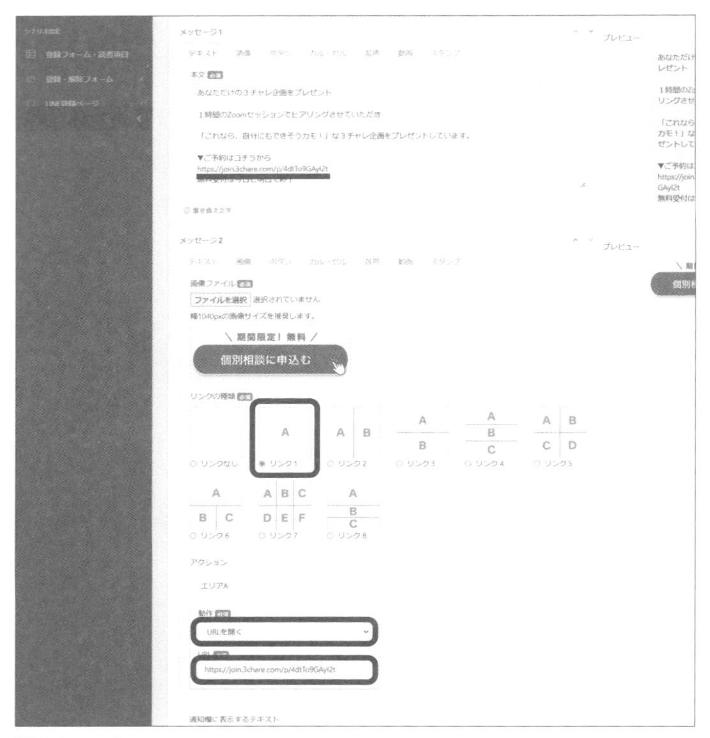

設定サンプル

【設定項目】
送信のタイミング：送信日を指定（登録○日後の○時○分）
シナリオ登録「5」日後「8」時「0」分
リンクを開いた際に実行するアクション：ラベルを付ける（CL個別相談申込ページ）

最後に、緑「保存」ボタンをゆっくり1回押してください。

●⑨6日後　8時
［管理名称］6日後8時：最終動画

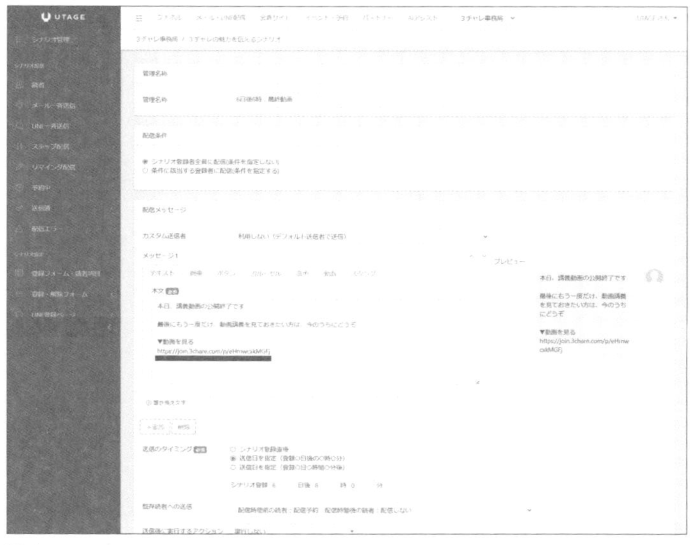

設定サンプル

⑩6日後12時

[管理名称] 6日後12時：最終個別相談

設定サンプル

⑪6日後18時

［管理名称］6日後18時：あと6時間

設定サンプル

⑫7日後8時

［管理名称］7日後8時：クローズ（全体メルマガへ合流）

送信後に実行するアクション：全体まとめメルマガへ合流

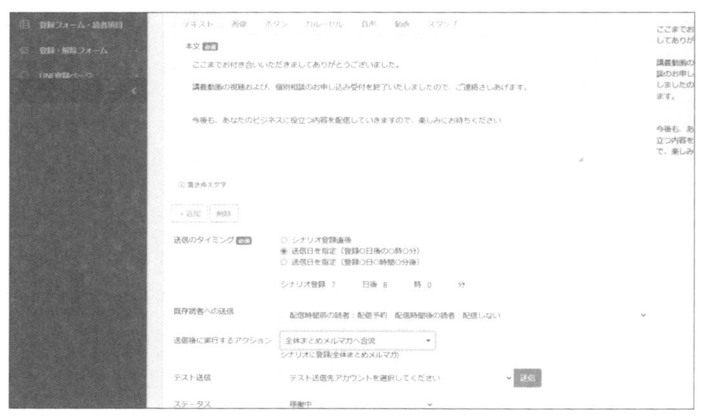

設定サンプル

このメッセージの送信をトリガーとして、シナリオアクション「全体まとめメルマガへ合流」が実行されます。

このことで、オプトいただいた方は、この「3チャレの魅力を伝えるシナリオ」と「全体まとめメルマガ」の2つのシナリオに読者として存在することになります。

●最終チェック！送信タイミングは本当に大丈夫？

一覧には、送信タイミングが表示されていますので、よくよく見て確認してください。

ステップ配信

媒体	管理名称	送信タイミング	ステータス
LINE	登録直後：動画ページ	登録直後	稼働中
LINE	5分後：クリックしてない人に追撃	5分 後	稼働中
LINE	1日後朝：あなたはこんな風ではありませんか？	1日後 0:00	稼働中
LINE	1日後20時8分：CL動画視聴ページ対象シークレット特典配布	1日後 20:08	稼働中
LINE	2日後8時：動画ではこんなことをお伝えしています	2日後 8:00	稼働中
LINE	3日後8時：3チャレをやった感想	3日後 8:00	稼働中
LINE	4日後8時：メンバーと	4日後 8:00	稼働中
LINE	5日後8時：個別相談推し（ボタン）	5日 8時間 後	稼働中
LINE	6日後8時：最終動画	6日後 8:00	稼働中
LINE	6日後12時：最終個別相談	6日後 12:00	稼働中
LINE	6日後18時：あと6時間	6日後 18:00	稼働中

間違い探し

設定をミスして、夜中0時0分にメッセージが送られるようになっていたり、オプトから8時間後が深夜だったりすることもありえます。

しっかりと見て、確認してください。自分では見つけにくいものでもあるので、スタッフや友人に見てもらうのもよいでしょう。

管理名称のつけ方

管理名称を付けなくても、ステップ配信のメッセージ一覧では問題がありません。ですが、送ったメッセージの「送信数」「開封数」「クリック率」など**計測数値を見る画面では、配信タイミングまでは項目**

に表示されないため、いつどのようなメッセージだったのかがわかるように、あらかじめ、ステップメッセージごとに送信タイミングとメッセージの概要を管理名称として付けておきます。

リマインダ配信
予約中
送信済
一斉送信
ステップ
リマインダ
配信エラー

配信済メール・メッセージ

□ メール配信での解除数を表示する

媒体	管理名称	送信数	開封数	開封率	クリック数	クリック率
LINE	登録直後：動画ページ	2	2	100%	1	50%
メール	登録直後：今すぐLINE追加して	4	1	25%	2	50%
LINE	5分後：クリックしてない人に追撃	4	0	0%	0	0%
メール	5分後：LINE追加がないひとへ	3	0	0%	0	0%
LINE	20分後：動画ページ案内	3	3	100%	2	66.67%
LINE	1日後朝：あなたはこんな風ではありませんか？	2	2	100%	0	0%
メール	【下書き】1日後8時：メール件名に絵文字を使う	0	0	0%	0	0%
メール	1日後20時：LINEシークレット特典配布	1	1	100%	0	0%
LINE	1日後20時8分：CL動画視聴ページ対象シークレット特典配布	1	0	0%	0	0%
LINE	2日後8時：動画ではこんなことをお伝えしています	1	1	100%	0	0%
LINE	3日後8時：３チャレをやった感想	0	0	0%	0	0%

送信済みステップの効果測定画面※詳しくは6章で解説

さまざまな配信条件

条件項目	一致条件
メールアドレス	が次と等しい（完全一致） が次と等しくない が次を含む（部分一致） が次を含まない が次以上 が次以下 が次より大きい が次より小さい が空白 が空白でない
配信基準日時（日付）／ 配信基準日時（日付時刻）	が次以上 が次以下 が次より大きい が次より小さい が次と等しい（完全一致） が次と等しくない が空白 が空白でない
ラベル	に次を1つ以上含む に次の全て含む に次を1つ以上含む人を除外 に次の全て含む人を除外

条件項目	一致条件
シナリオ	に次を1つ以上登録されている に次の全てに登録されている に次を1つ以上登録されている人を除外 に次の全てに登録されている人を除外
配信	次の期間クリックしている 次の期間クリックしている人を除外 次の期間開封している 次の期間開封している人を除外 次の期間クリック·開封している 次の期間クリック·開封している人を除外 次のメールを開封している 次のメールを開封している人を除外 次のLINEを開封している（計測対象のLINE配信のみ利用可） 次のLINEを開封している人を除外（計測対象のLINE配信のみ利用可） 次の期間LINEでクリックしている 次の期間LINEでクリックしている人を除外
登録経路	シナリオ登録経路が次の中に含まれる シナリオ登録経路が次の中に含まれる人を除外 ファネル登録経路が次の中に含まれる ファネル登録経路が次の中に含まれる人を除外 LINE友だち追加経路が次の中に含まれる LINE友だち追加経路が次の中に含まれる人を除外

配信条件として使えるもの。なお、範囲は同一の配信アカウント内に限られる

各シナリオの「登録フォーム・読者項目」に設定した項目を、配信条件に選択することもできます。

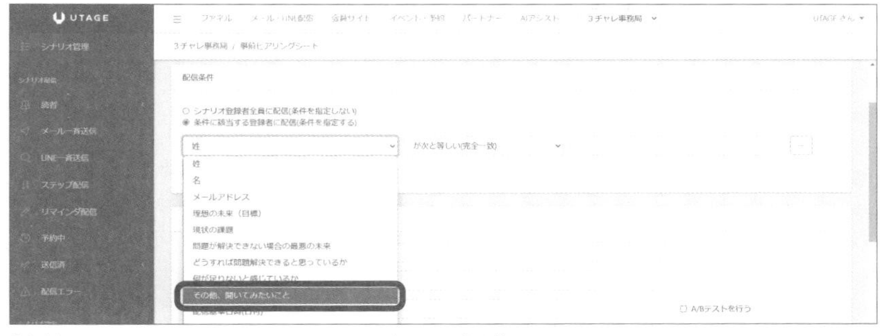

「事前ヒアリングシート」については5章ー1で解説

最適な配信時間は？

今回は、朝8時をメインにしていましたが、オプトした時間帯に合わせても良いでしょう。生活時間帯を合わせた方が、見込み客とのタイミングが合いやすい可能性があるためです。

送信のタイミング 必須	○ シナリオ登録直後 ○ 送信日を指定（登録○日後の○時○分） ◉ 送信日を指定（登録○日○時間○分後） シナリオ登録 5 日 0 時間 0 分後

実際にオプトした時間に合わせた配信タイミングの設定事例

上記設定の場合、例えばAさんが1月3日の夜21時にオプトしていた場合に、5日後の1月8日夜21時にメッセージが配信されます。

ただし、たまたまその日、深夜にオプトしていた場合に、ずっと深夜に追いかけメッセージが届いてしまう結果ともなりかねませんので、ご利用は計画的になさってください。

おおむね、SNS活動のゴールデンタイムにLINEメッセージを送ると良いとされています。スマホのおやすみモードの設定などで21時以降はスマホ通知がでない設定になっていることも多いので、あなたの事業がメインターゲットにしている見込み客の生活時間帯にメッセージの配信時間を合わせるとよいでしょう。

4-05 SECTION UTAGE

メールのステップ配信を設定しよう

LINEメッセージの設定方法とほぼ同じです。

テキストメールとHTMLメールどちらがいいのか？

UTAGEではメールを送る際に2種類のフォーマットがあります。テキストのみのプレーンなタイプと、HTMLメールです。テキストタイプを選んでも開封率は計測できます。なお、文章と文章の間に画像などのコンテンツを差し込みたいならHTMLメールにしてください。

HTMLメールのテンプレは、セクション単位で「お気に入り」登録しておくと再利用できるので便利です。

新規ステップを追加する

メールの新規ステップを追加していきます。

シナリオのステップ配信一覧画面を開いて、緑「メール追加」ボタンを押す

●⑬登録直後

【設定項目】

［管理名称］登録直後：今すぐLINE追加して

件名：※操作必須※今すぐ、プレゼントをお受け取りください

今回は、メール文章の途中でLINE追加のQRコードを表示させるため、「種類：HTML」を選ぶのですがその前に、表示されているメールフッターの文言をメモ帳やGoogleKeep、Notionなど他のアプリに保管しておいてください。

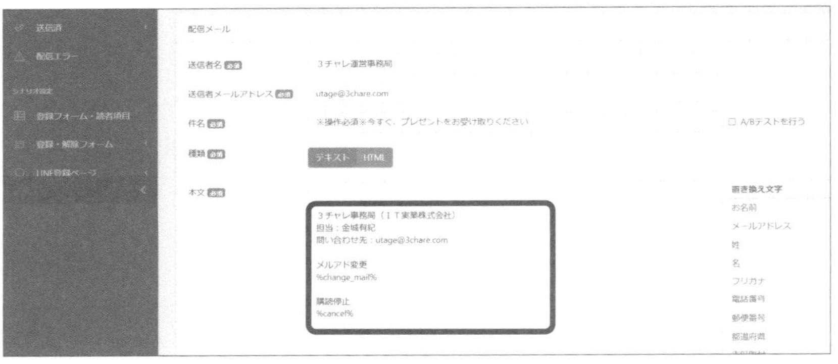

シナリオ設定でメールフッターに設定したものがデフォルトで表示されている

作業ができたら、上の青「HTML」ボタンを押します。

本文入力画面の下に青「編集」ボタンが出ますので、これをクリック

HTMLメールを編集する

ファネルにあるLPページと同じような編集画面が出てきますので、ここでメール文面を作成していきます。

青の領域で、「＋」ボタンを押して要素追加

●追加できる要素

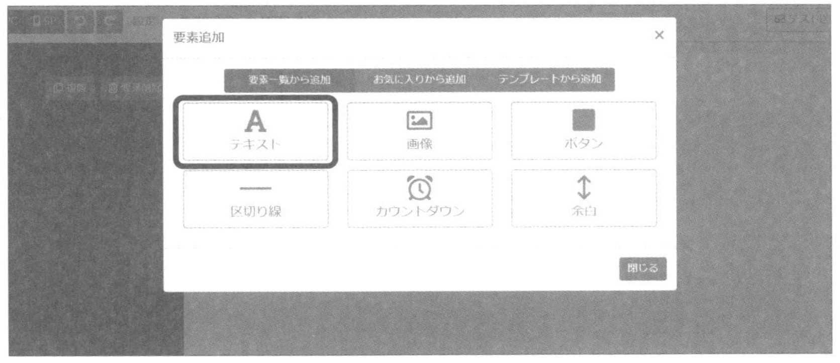

テキスト、画像、ボタン、区切り線、カウントダウン、余白の6つから選べる

ここでは、テキストを選んで、下書きしておいた文章を貼り付けてください。

続いて、本文途中に友だち追加QRコードの画像を貼りこみしたいので、まずは、要素「画像」を追加して、右上の青「保存」ボタンを押

します。

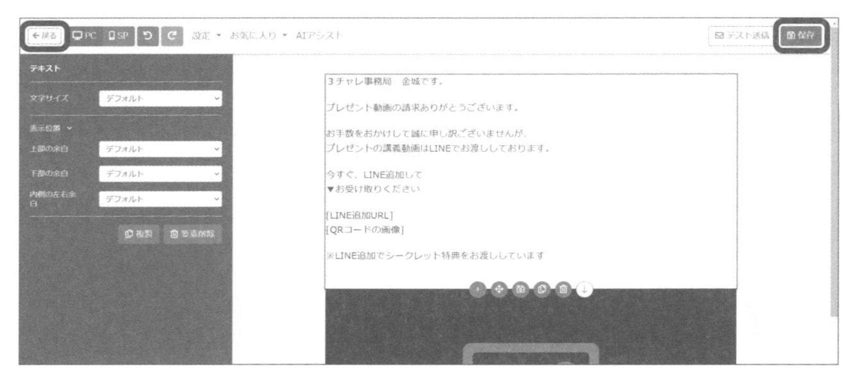

サンプル

保存ができたら、上部メニュー左端にある「←戻る」ボタンを押して編集画面から出ます。

このままの状態で、左メニューを下へスクロールし、シナリオ設定にあるLINE登録ページ>①「LINE登録ページ」をマウスで右クリックしてください。

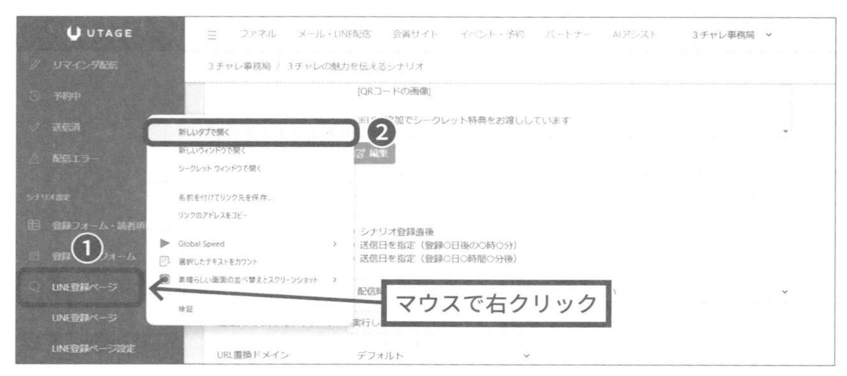

別のブラウザタブで開きます

ここから、とても大事なのですが、ページに表示されているQRコードの画像そのままを利用するとシステムの誤作動を招く可能性があります。ですので、いったん、このURLをクリップボードにコピーしてください。

続いて、Chromeブラウザをお使いの方は、ブラウザのアドレス欄と同じ並びの右端にある自分の①プロフィールアイコンをクリックします。

②「ゲストプロフィールを開く」をクリック

別ブラウザが起動します。

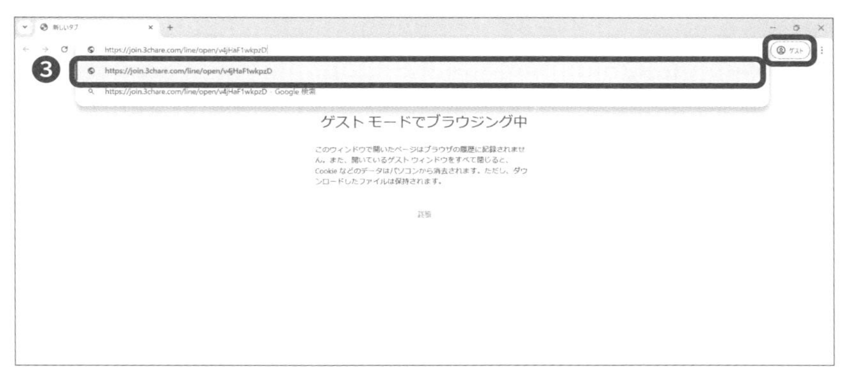

「ゲストモードでブラウジング中」という表示が出たら、先ほどクリップボードにコピーしておいたアドレスにアクセス

ゲストモードのブラウザで表示させた友だち追加のQRコード画像をマウスで右クリックして「名前を付けて画像を保存」をクリックし、あなたのPC内に保存する

続いて、ブラウザタブを元のメール編集画面に切り替えて、再度、メール本文入力欄の下にある青「編集」ボタンを押して、HTMLメールの編集画面を開きます。

右ペインの画像要素を①クリックしたら、左メニューの一番上にある②「アップロード」ボタンを押してください。

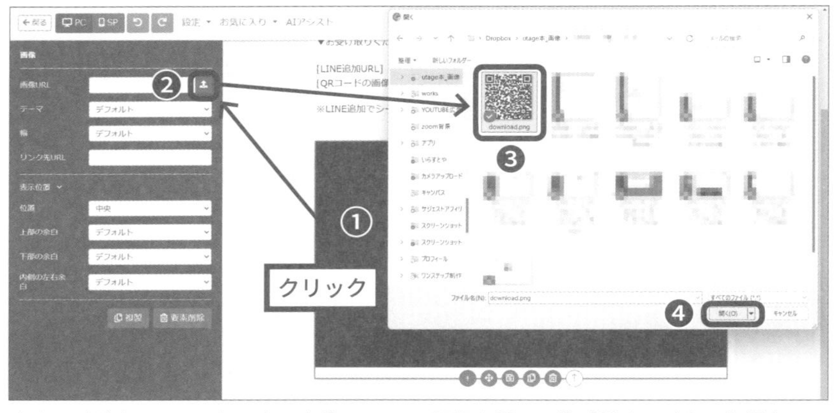

さきほどダウンロードしておいた③QRコード画像を選んで④「開く」ボタンを押す

続いて、本文内にある[LINE追加URL]を、さきほどクリップボードにコピーしておいたLINE登録ページのURLに置き換えます。

URL文字列を選択して、上にある編集メニューから「リンク」を選ぶ

ダイアログが開いたら、URL欄に同じアドレスを貼り付けします。

緑「OK」ボタンを押して、ダイアログを閉じる

続いて、［QRコードの画像］という文字列は削除します。下にある画像要素（QRコード）があるからです。

テキスト文章との並びを整えます。QRコードの下にテキスト要素を追加して、文言を配置してください。

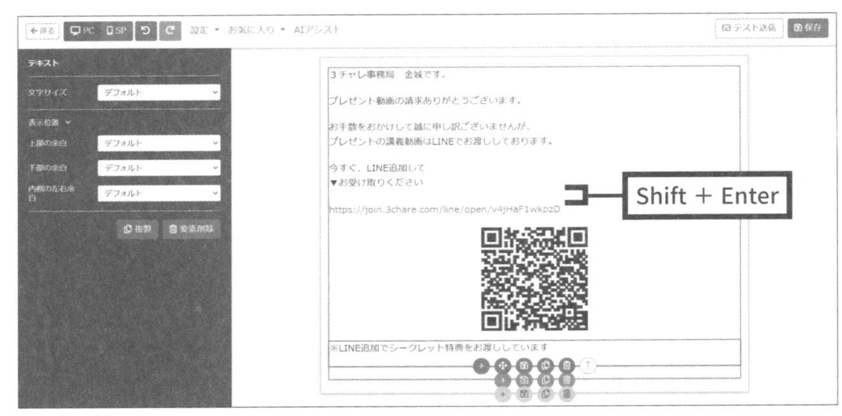

できあがりのサンプル

友だち追加のリンクURLの上部に、予期せぬ空白ができているのですが、これは、一旦、改行を削除したあとに「Shift＋Enter」キーであらためて改行することで、上下間隔がつまった状態で改行できます。

メールフッターをテンプレートにする

テンプレートとして保存しておくと、あとのHTMLメールで使いまわしができて便利です。

最後に、メールフッターの設定を追加します。あらかじめ保管しておいた文字列を貼り付けてください。

「メルアド変更」の文字列を選んで、編集メニューからリンクボタンを押す

リンクタイプ：アドレス変更フォームURLを選びます。

ハイパーリンク
表示文字
メルアド変更
リンクタイプ
アドレス変更フォームURL
OK キャンセル

最後に、緑「OK」ボタンを押す

同様に、「購読停止」の文字列を選んで編集メニュー「リンク」から、出たダイアログにあるリンクタイプ：解除フォームURLを選択して下さい。

ハイパーリンク
表示文字
購読停止
リンクタイプ
解除フォームURL
OK キャンセル

最後に、緑「OK」ボタンを押す

HTMLメールの場合は置き換え文字「%change_mail%」と「%cancel%」は動作しないので、テキストを削除しておきます。

続いて、このメールフッター用に使うテキスト要素をテンプレートとして保存しておきます。

真ん中の「要素を保存」ボタンを押す

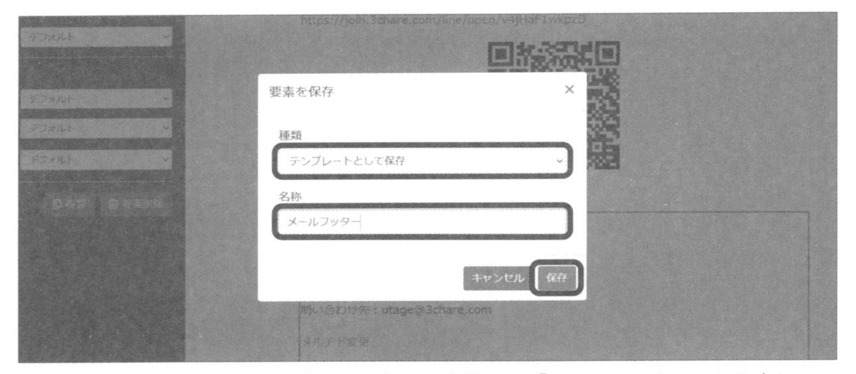

「種類：テンプレートとして保存」を選択し、名称には「メールフッター」と入力して、青「保存」ボタンを押す

最後に、右上「保存」ボタンを押して、前のページへ戻ってください。

「送信のタイミング：シナリオ登録直後」「URL置換方法：置換URLを表示」「ステータス：稼働中」を選択

最後に、緑「保存」ボタンを押してください。

ステップ配信一覧画面になり、メールのメッセージも追加されています。

メール追加後のメッセージ一覧画面

⑭5分後

次のメールを設定します。緑「メール追加」ボタンを押してください。

【設定項目】

[管理名称] 5分後：LINE追加がないひとへ

配信条件：条件に該当する登録者に配信(条件を指定する)

「ラベル」「に次を1つ以上含む人を除外」「CL動画ページ」

動画ページのURLは、LINEの登録直後メッセージでしか送っていないため、クリックしたラベルがついているということは、すでにLINE追加が終わっていると判断できます。もしかしたら、LINE追加が終わっていてまだ動画ページへはアクセスしていない段階の可能性があるのですが、「シークレット特典の受取りには動画ページの期限内のタップが必要」を再度お伝えした、という状態になります。

メール件名は「【ご案内】LINE追加でもらえるシークレット特典」を入力します。先ほどと同じく、種類は青「HTML」を選んで、本文下にある青「編集」ボタンを押してください。編集画面が開いたらテキスト要素を追加し、下書き文章を貼り付けます。本文途中のQRコード画像も、先ほどPCに保管していたものをそのまま再利用して同じように設定します。

ボタンにする

同じようなことを同じような表現で送っても反応してくれないので、前のメールではリンクテキストそのものでしたが、今回は、ボタンのような見た目にして送ってみましょう。

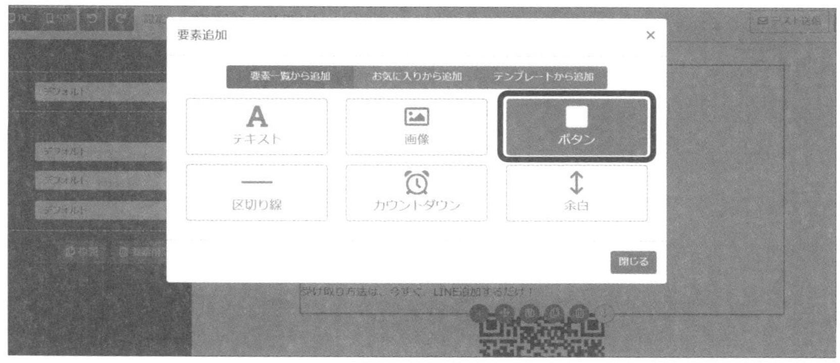

本文の「＋」ボタンを押し、下にボタン要素を追加する

ボタン要素を追加したら、要素をクリックして左メニューの一番上「リンク先URL」には、1つ前のメール設定のときに取得した友だち登録ページのURLを入力します。

左メニューを少しさがって、ボタンテキストは「今すぐ、友だち追加して受け取る」を入力。サブテキストに「ココをクリック」と入力。ボタンテーマを「緑（角丸）」を選択します。

設定サンプル

テンプレートを呼び出して設定する

最後に、メールフッターのテンプレートを呼び出して設定しましょう。要素を追加し、上部の青い3つ目「テンプレートから追加」をクリックします。

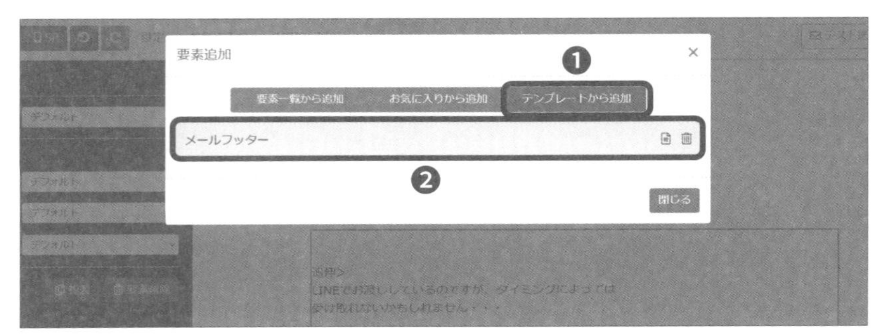

さきほど保存しておいた「メールフッター」をクリックすると、要素として追加完了

保存したテンプレートを編集する

HTMLメールの編集画面で、テンプレート要素を選んでください。

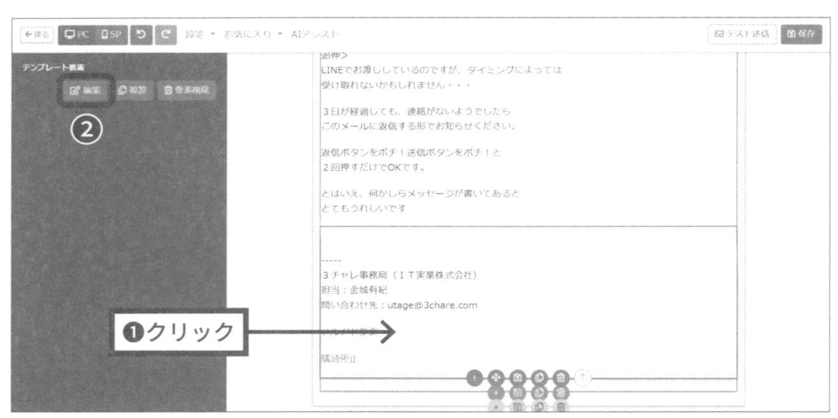

左メニューに青「編集」ボタンがある

なお、テンプレートそのものを削除したい場合は、要素追加の際の右端にゴミ箱ボタンがありますので、これをクリックしてください。

最後に、HTMLメールの編集が終わったら、ページ上部メニュー右端の青「保存」ボタンを押してください。上部メニュー左端にある「←戻る」ボタンでメール編集の画面に戻ります。

【設定項目】

送信のタイミング：送信日を指定（登録○日○時間○分後）

シナリオ登録「0」日「0」時間「5」分後

URL置換方法：置換URLを表示

ステータス：稼働中

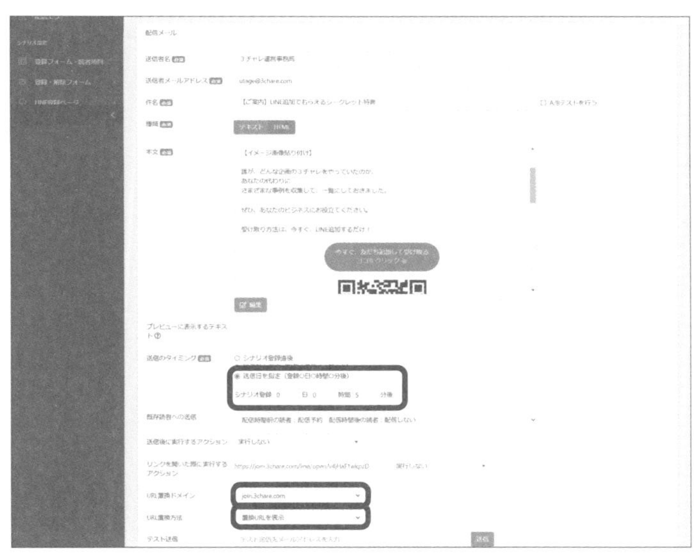

最後に必ず、緑「保存」ボタンを押す

⑮1日目夜20時

次のメールを設定します。緑「メール追加」ボタンを押してください。

【設定項目】

［管理名称］1日後20時：LINEシークレット特典配布

配信条件：条件に該当する登録者に配信（条件を指定する）

「ラベル」「に次を1つ以上含む」「CL動画ページ」

件名：【シークレット特典送付】3チャレ参加者募集ページのスワイプファイル集

本文は、下書きをそのまま貼り付けてください。HTMLメールではないので、置き換え文字はそのままで大丈夫です。

送信のタイミング：送信日を指定（登録○日後の○時○分）
シナリオ登録「1」日後「20」時「0」分
URL置換方法：置換URLを表示
ステータス：稼働中

最後に必ず、緑「保存」ボタンを押してください。

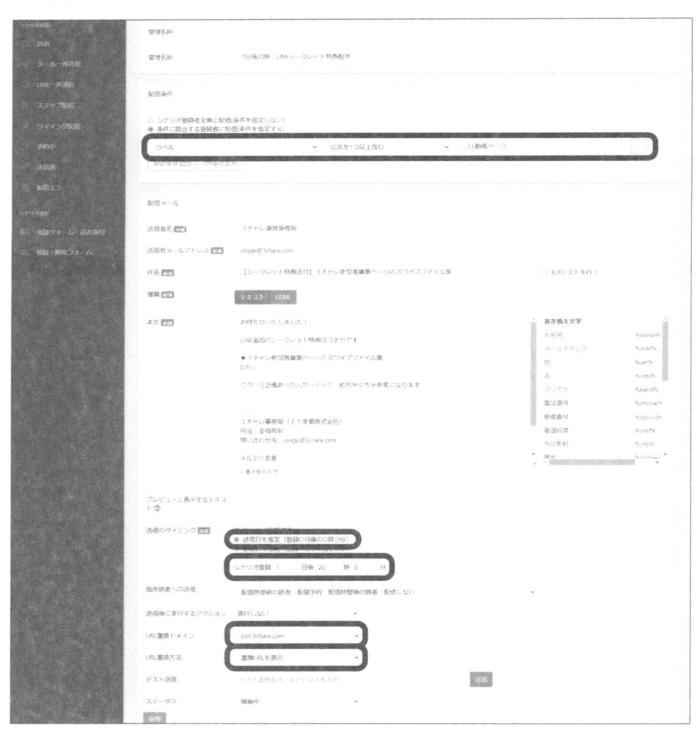
設定サンプル

これで、シナリオ1本できあがりです。お疲れさまでした。

SECTION

4-06 UTAGE

シナリオを編集してみよう

作成したシナリオの編集方法をお伝えします。
文言を変更したい時や、配信タイミングを変えたい時、管理名称を変えたい時の方法です。

ステップメッセージを編集する

UTAGE管理画面の上部メニュー【メール・LINE配信】＞配信アカウントを選択＞シナリオを選択し、左メニューにある「ステップ配信」を選択すると設定済みのメッセージ一覧が見れます。

一覧から行をクリックするとメッセージ本文の編集画面に入れる

メッセージは同じシナリオ内にコピーすることもできます。

コピーしたい元メッセージの右端にある縦三点「操作メニュー」＞「コピー」を選ぶ

コピーすると、下書き状態で作られます。

この他、「配信予定対象者」や「配信済対象者」が見れます。

シナリオ途中に配信メッセージを追加する方法

新規追加したときの配信タイミングの設定で、ステップの途中にメッセージを入れることができます。

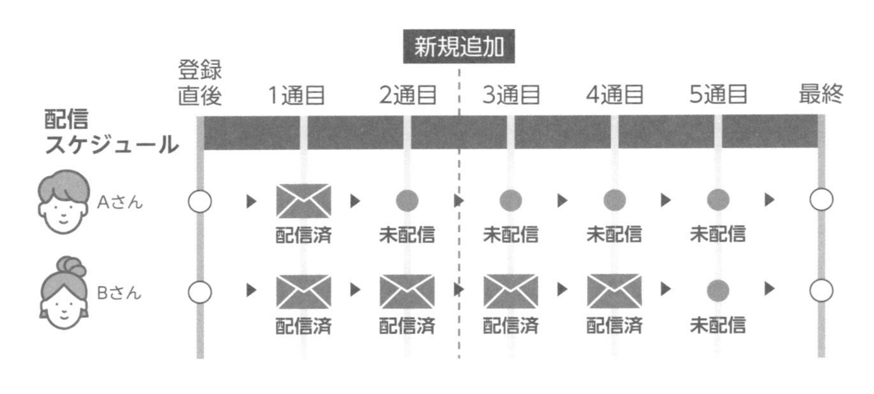

サンプル

すでに稼働しているシナリオに追加で2.5通目のところに新規メッセージを足したい場合に、図にあるBさんの取り扱いに留意してください。

たとえば、ストーリー仕立てになっていて3通目4通目ですでに話が進んでいる場合、新規の2.5通目を差し込むことで話の流れが変になる場合は、新規追加時に配信しない設定にします。

既存読者への送信を「配信時間前の読者：配信予約　配信時間後の読者：配信しない」を選択し、ステータス「稼働中」で緑「保存」

独立した1話を連続して送っているシナリオの場合は、多少、前後しても大丈夫なので、この場合は、既存読者への送信を「配信時間前の読者:配信予約配信時間後の読者:今すぐ配信(未配信の場合)」を選択し、ステータス「稼働中」で緑「保存」ボタンを押します。

このとき、配信タイミングが過ぎているBさんについては、メッセージの保存操作をしたそのときに即時配信されるため、早朝や深夜の操作はお控えください。

シナリオをほぼ作りかえる場合

送る順番を変えたり、メッセージの内容を大幅に変える場合は、シナリオをコピーするなどして、**新しいシナリオを作りましょう**。あえて別シナリオにする理由は、シナリオ内にあるURLクリックのデータなども新旧シナリオで混在してしまうため、変更後の効果計測と評価をしづらくなるからです。

なお、新しいシナリオにする場合は、ファネルにあるLPページのシナリオ連携を設定しなおすことを忘れずに。イベントのリマインダシナリオとして使っている場合や、商品販売のときの「購入後に登録するシナリオ」に設定していないかどうかもよくよくご確認ください。

シナリオをコピーする方法は、【メール・LINE配信】＞配信アカウントを選択して、シナリオ一覧が出たところで、コピーしたいシナリオの右端にある縦三点「操作メニュー」をクリックして、メニューを表示させます。

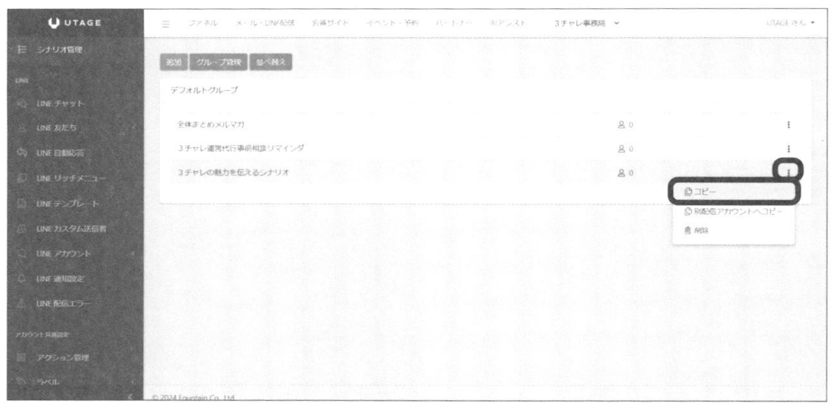

メニューの中から「コピー」を選択

シナリオ設定の変更

●シナリオ名、グループを変更する

上部メニュー【メール・LINE配信】＞配信アカウントを選択＞対象のシナリオを開いて、左メニューを下へスクロール。シナリオ設定の「シナリオ設定」を開きます。

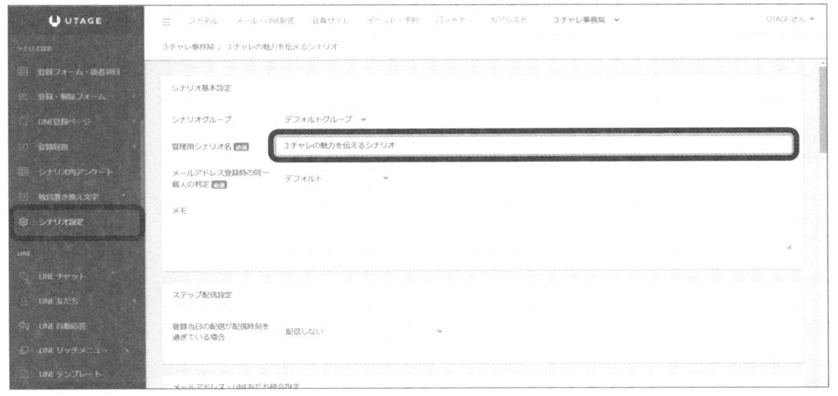
管理用シナリオ名欄を編集して、ページ下の緑「保存」ボタンを押す

●グループの新規作成

プロジェクトごとにシナリオをグループ化しておくと管理が楽になります。シナリオ一覧画面の上部にある青「グループ管理」ボタンを押すと、グループ新規追加ができます。ここでは、グループ名の変更はできず、削除のみが行えます。

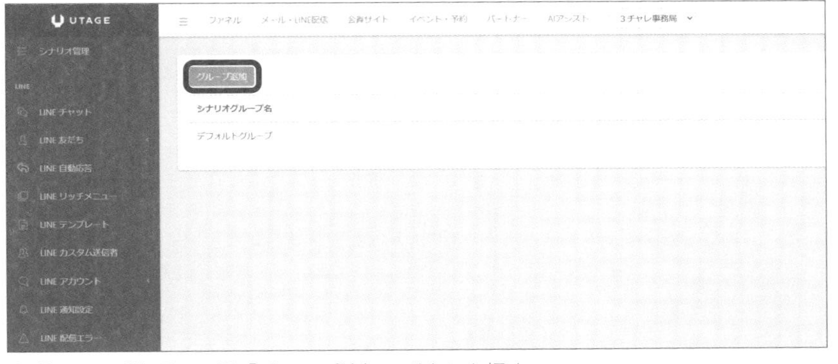
青「クループ管理」＞緑「グループ追加」ボタンを押す

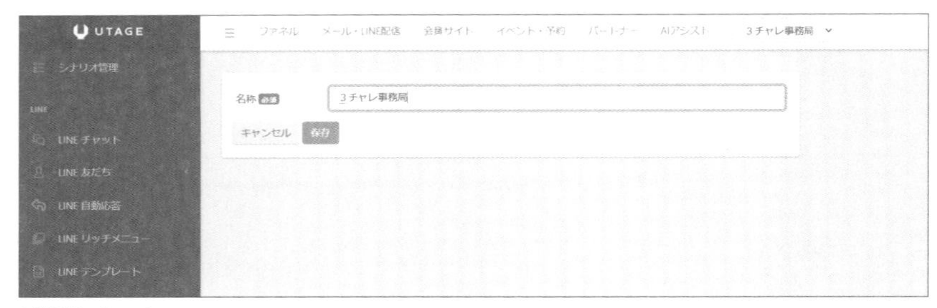

新規作成できる

グループ追加した直後に迷子になりやすい

左メニューの最上部にある「シナリオ管理」をクリックするとシナリオ一覧画面に戻れます。

●グループやシナリオそのものを並べ替える方法

シナリオ管理画面で、上部にある青「並べ替え」ボタンを押す

マウスで上下にドラッグ＆ドロップすることで、グループ分けや表示順番を自由に変えることができる

表示順の変更が終わったら、ページ下にある緑「表示順保存」ボタンを押してください。

保存直後に迷子になりやすい

左メニューの最上部にある「シナリオ管理」をクリックするとシナリオ一覧画面に戻れます。

●グループ名の編集と削除

本書執筆段階では、グループ名の編集はできません。新しい名称でグループを新規作成し、表示順変更画面で、シナリオを移動させてください。シナリオが登録されているグループは削除することができませんので、まずは表示順の変更をして空っぽにしてから、グループ管理画面で、対象のグループ名の縦三点「操作メニュー」をクリックすると削除ができます。

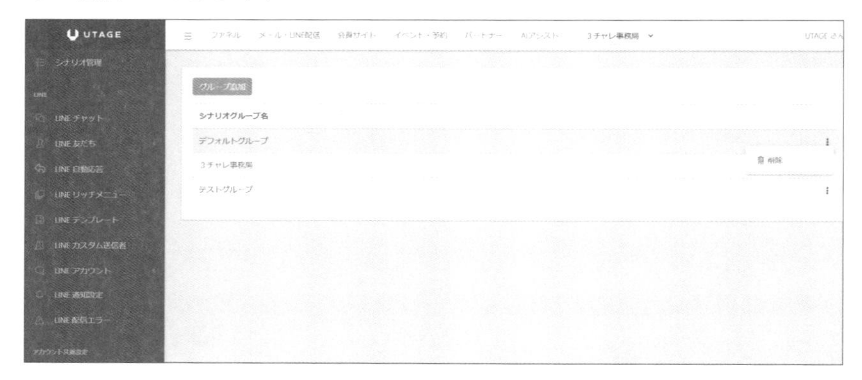

CHAPTER
5

リマインダ配信の設定

5

SECTION

リマインダシナリオを理解しよう

リマインダシナリオを活用すると、予約日時から逆算して、システムが自動でメッセージを送ってくれます。

リマインドとは？

リマインドとは「思い出させる」という意味があります。申し込み時点で決まっているイベント参加日（基準日）から7日前、3日前、前日など、通常のステップメッセージとは逆順に送られるのがポイントです。例えば、7日前にリマインドメッセージの設定をしておいても、開催5日前に参加申し込みがあった場合は7日目のメッセージは送られません。

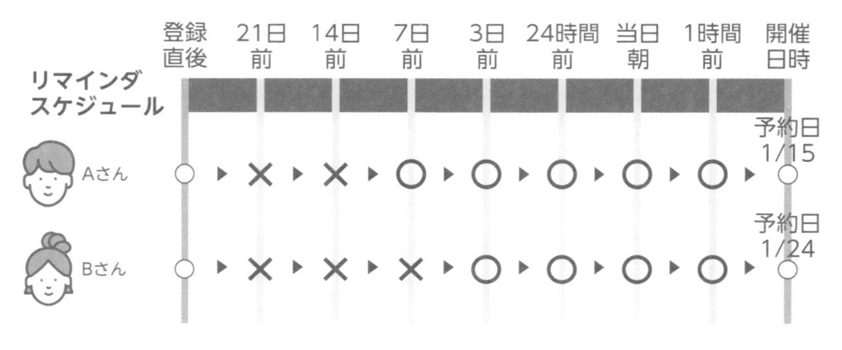

リマインダシナリオの配信イメージ

どんな時に使うのか？

基本的には、イベント・予約機能と組み合わせて使います。予約していてもすっかり忘れる方も多いので「思い出させる」ためにメッセージをする機能です。

送る内容としては、イベントそのものについて、イベント参加について、主催者についての情報提供の他、適切なリマインドメッセージの設定をしておけば、1：1の個別相談についてはほぼ着席していただけますし、無料のフロントセミナーの場合は着席6割くらいです。無料フロントセミナーでの着席率を上げる方法については後述します。

なお、シナリオ詳細画面からメッセージを編集する際は、登録直後メッセージはリマインダ配信ではなくステップ配信画面で確認できますのでご注意ください。イベント詳細画面の左メニューにある「リマインダ配信」からメッセージ一覧を見た場合は、登録直後メッセージもリマインドメッセージと同じ画面で並んで見えます。

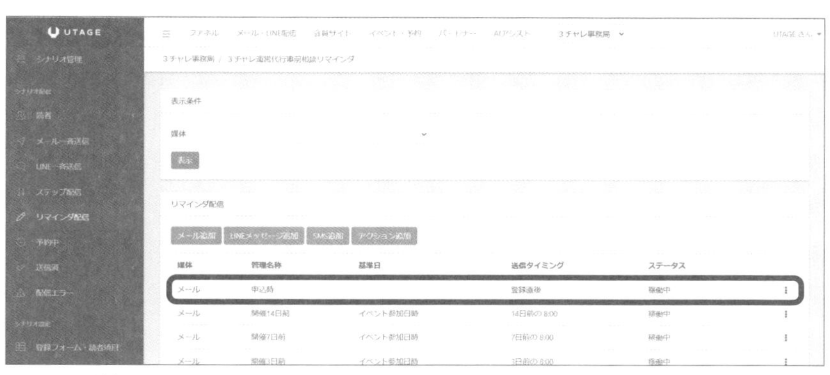

イベント詳細からリマインダ配信画面へ進んだ場合

より詳細な個人情報をとるベストタイミング

メールでのリマインドシナリオは、イベント作成した時に自動で作ることができます。ですので、デフォルト（初期値）のままをご利用になっているケースも多くみられるのですが、実にもったいないと感じています。何故かというと、購入直後の案内メールと同じく、開封率が高いメッセージなので、ここで、イベントの日時や参加方法の案内だけで終わらせておくのはみすみす機会損失しているのと同じだからです。

そして、リマインドシナリオへの登録前、日時予約をいただく段階で、属性アンケートを実施する方も多いです。属性アンケートでやりがちなのは、お住まいの都道府県や、性別や年代を選んでいただく、というものです。個別相談にお越しいただければ、本題に入る前のアイスブレイク（雑談）でお尋ねすれば取得できる個人情報ですし、ある程度の性別や年齢・地域の情報は、LINE公式アカウントの管理画面で全体傾向としては分かりますので、申し込み時点でわざわざ取得しなくてよい個人情報だと考えています。

つまり、参加申し込み人数を最大化したいのであれば、最低限の「姓・名」「メールアドレス」「電話番号」くらいにしておいた方が良いということです。これは、フォーム最適化（EFO）と呼ばれるのですが、単純に申し込みフォームの入力項目を1つ減らすごとに申し込み率が2%上がるという調査結果があります。実際、入力項目を減らしただけで申込数が増えたというご報告をたくさんいただいています。

SECTION 5-02 UTAGE

事前アンケートを実施しよう

日時選択時に入力項目を増やすと申込数が減るので、あえて取得のタイミングをずらしリマインダ登録直後のメール本文で依頼します。

事前アンケートを実施する

リマインダ登録直後のメール本文で、アンケートフォームが掲載されたページのURLを案内してください。他のリマインドメッセージの中にも記載しておくと良いです。また、個別相談申し込み後のサンキューページで「事前アンケートがある」旨を大きく記載して告知するか、または、サンキューページが事前アンケート入力ページである状態にするのも良い方法です。

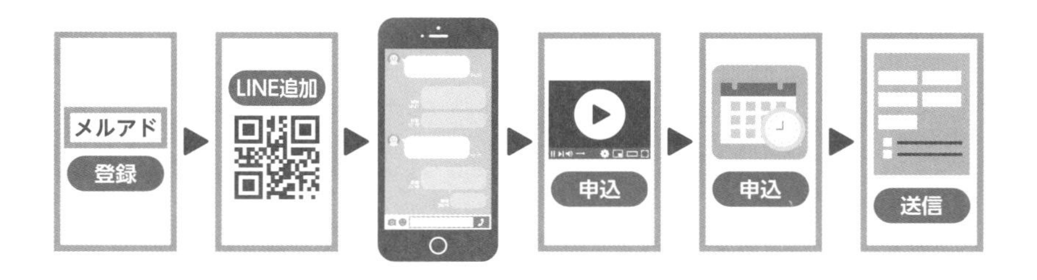

事前アンケート実施の際の画面遷移図

事前アンケートの内容ですが、個別相談の時にお伺いする予定の質問を、先にフォームに記入しておいていただきましょう。事前に、相談者ご自身の言葉で文章化しておいていただくことで、ある程度、問題点が明らかになっているため、実際の個別相談時にスムーズに話が進みやすいからです。また、入力いただいた内容をもとに、プレゼン資料をその人だけの訴求ポイントでアレンジしてお見せすることで成約率アップも見込めます。

事前アンケート実施にあたり、おすすめの設問項目は「理想の未来（目標）」「現状の課題」「問題が解決できない場合の最悪の未来」「どうすれば問題解決できると思っているか」「何が足りないと感じているか」などです。

実施数を絞り込みたい場合は、24時間前までに事前アンケートの回答がないと実施しませんという建て付けにしても良いです。他にも、回答内容を精査して事前に不適切な見込み客だと判断した場合は販売者側からお断りすることもできます。ご予約いただいてもお断りする場合はある時は「お断りすることがあります」ということを事前通知することを忘れずに。

アンケート回答フォームの作り方

UTAGEでは、1シナリオにつき1つの登録フォームを作ることができます。このため、事前アンケート用のシナリオを別途作成してください。

管理画面上部メニュー【メール・LINE配信】>配信アカウントを選択>緑「追加」ボタンで「事前ヒアリングシート」シナリオを新規作成

なお、販売者側としては“事前アンケート”なのですが、見込み客目線ではアンケートに回答するのはモチベーションが上がらない可能性があるので、表向きの名称を変えて「ヒアリングシート」としています。

シナリオ作成したら詳細画面に入り、左メニューのシナリオ設定「登録フォーム・読者項目」画面で、入力項目を自由に増やすことができます。

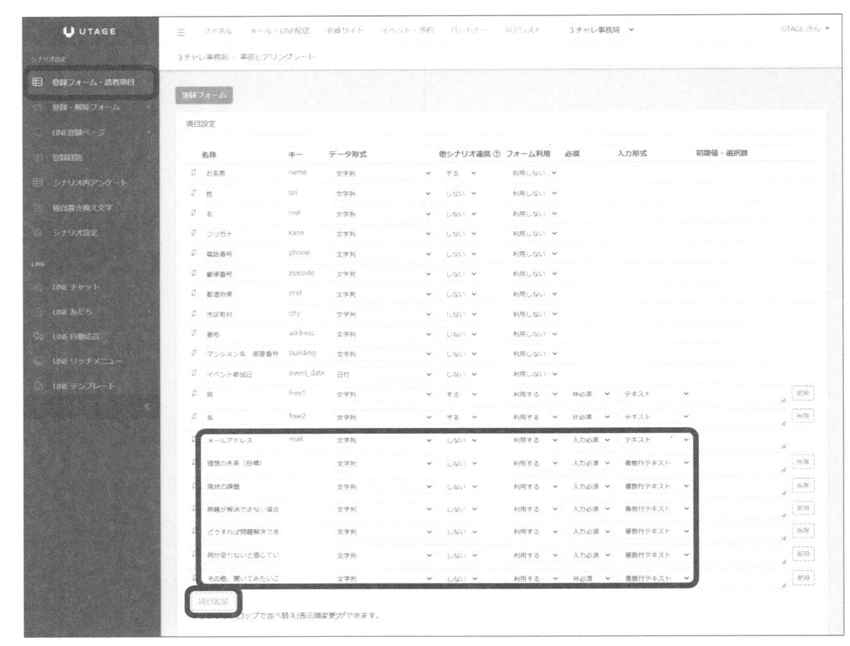

「項目追加」ボタンを押し、入力項目を増やして、ページ下の緑「保存」ボタンを押す

設問項目が設定できたら、この登録フォームをファネルLPページの「個別相談サンキュー」ページに記載します。

上部メニュー【ファネル】＞ファネル選択＞「個別相談サンキュー」の編集ボタンを押す

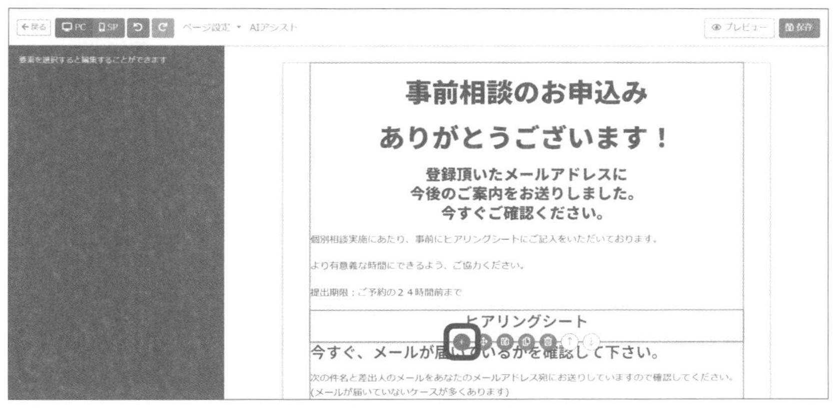

掲載したい箇所のひとつ上の要素で青「＋」ボタンを押す

要素一覧から「登録フォーム」を選ぶ

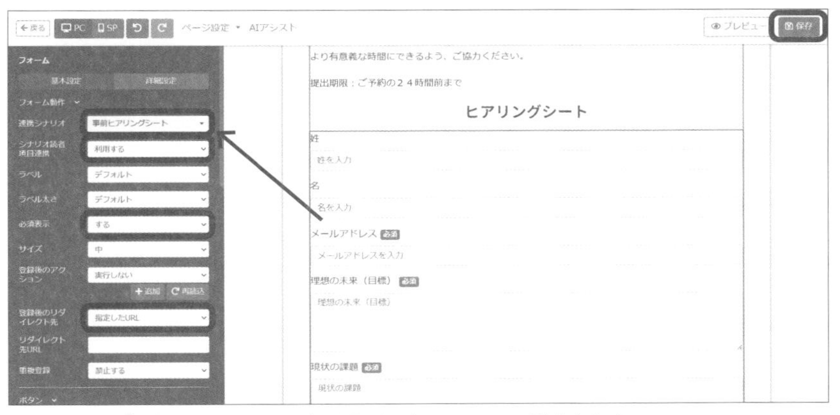

右ペインで「登録フォーム」要素を選び、左メニューで設定を加える

【設定項目】
連携シナリオ：事前ヒアリングシート
シナリオ読者項目連携：利用する
必須表示：する
登録後のリダイレクト先：指定したURL
重複登録：禁止する

登録後のリダイレクト先は、今現在編集しているシナリオ「事前ヒアリングシート」のLINE登録ページを指定します。「ファネルの次のステップ」を選んでいた場合、視聴終了の案内ページになってしまうので、ご注意ください。

一度、右上の青「保存」ボタンを押して、ひとつ前の管理画面に戻ってください。

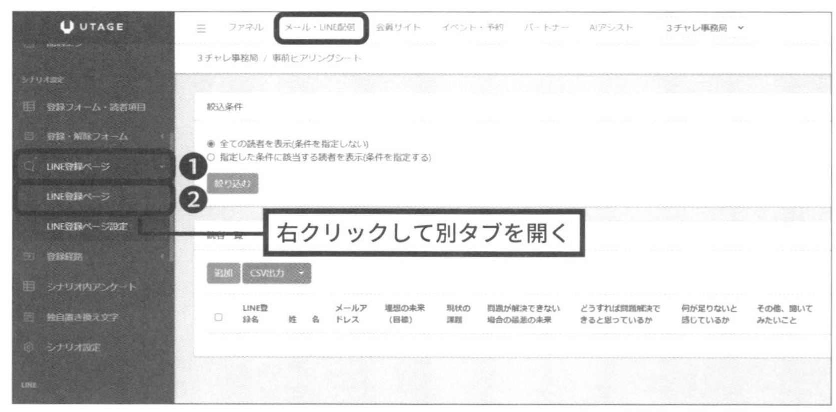

上部メニュー【メール・LINE配信】＞配信アカウント選択＞「事前ヒアリングシート」＞左メニュー「LINE登録ページ」をクリック。別のブラウザタブが開きます

ブラウザのアドレス欄にあるURLをクリップボードにコピー

上部メニュー【ファネル】＞ファネル選択＞「個別相談サンキュー」の編集ボタンを押して、LP編集画面に入ります。

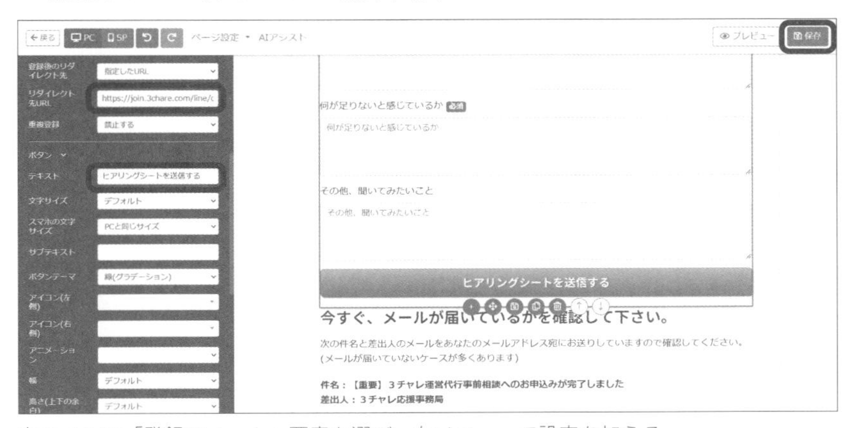

右ペインで「登録フォーム」要素を選び、左メニューで設定を加える

- **リダイレクト先URL：**クリップボードにあるものを貼り付ける
- **ボタンのテキスト：**ヒアリングシートを送信する
- **ボタンテーマ：**緑（グラデーション）

文字列やボタンの色・デザインはご自由にお選びください。最後に、右上にある青「保存」ボタンを押してください。

事前相談のお申込み
ありがとうございます！

登録頂いたメールアドレスに
今後のご案内をお送りしました。
今すぐご確認ください。

個別相談実施にあたり、事前にヒアリングシートにご記入をいただいております。

より有意義な時間にできるよう、ご協力ください。

提出期限：ご予約の２４時間前まで

ヒアリングシート

姓

姓を入力

名

名を入力

メールアドレス 必須

メールアドレスを入力

理想の未来（目標） 必須

理想の未来（目標）

現状の課題 必須

現状の課題

問題が解決できない場合の最悪の未来 必須

問題が解決できない場合の最悪の未来

どうすれば問題解決できると思っているか 必須

どうすれば問題解決できると思っているか

何が足りないと感じているか 必須

何が足りないと感じているか

その他、聞いてみたいこと

その他、聞いてみたいこと

ヒアリングシートを送信する

Copyright(c) 2024 UTAGE All Rights Reserved.

完成プレビュー

次に、シナリオ設定をします。

UTAGE上部メニュー【メール・LINE配信】>配信アカウント選択>シナリオ「事前ヒアリングシート」詳細>左メニュー「ステップ配信」画面で緑「LINEメッセージ追加」ボタンを押す

配信条件：なし

本文：事前ヒアリングシートの送付ありがとうございました

予約日時の1時間前に

Zoomのリンクをメールでお送りしますね

送信のタイミング：シナリオ登録直後

ステータス：稼働中

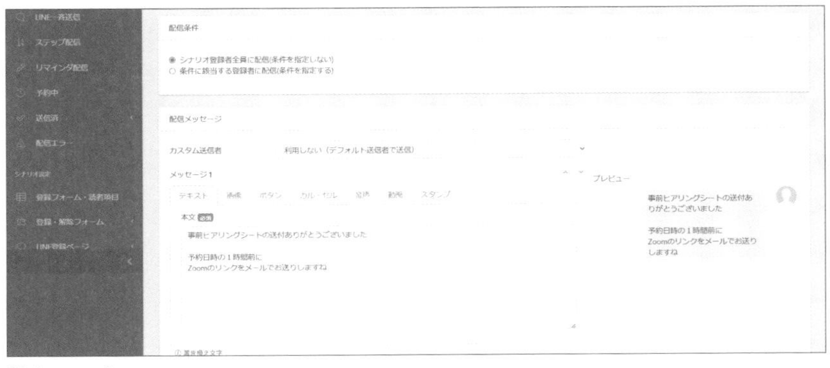

設定サンプル

最後に、緑「保存」ボタンを押してください。

●事前アンケートの内容を見るには

お送りいただいた情報を見るには、読者一覧画面です。

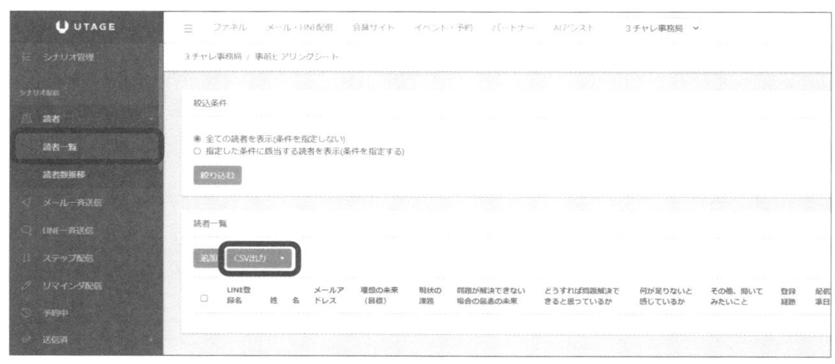

シナリオの左メニュー「読者」＞読者一覧

青「CSV出力」ボタンを押して、ダウンロードしたファイルを開くことでファイル管理ができます。

Googleスプレッドシートで管理する方法

送信いただいた内容をGoogleスプレッドシートで閲覧・管理することもできます。まずは、Googleスプレッドシートを用意しておき、続いて、アクション設定を追加、そのあとLINE登録直後メッセージに設定します。

今回は、シナリオ固有項目があるため、シナリオアクションで設定します。

●Googleスプレッドシートの準備

まずは、転記したいスプレッドシートを作成しておき、スプレッドシートのURLを取得します。

別のブラウザタブを開き、Googleドライブを開いて左上「＋新規」ボタンから「Google スプレッドシート」をクリック

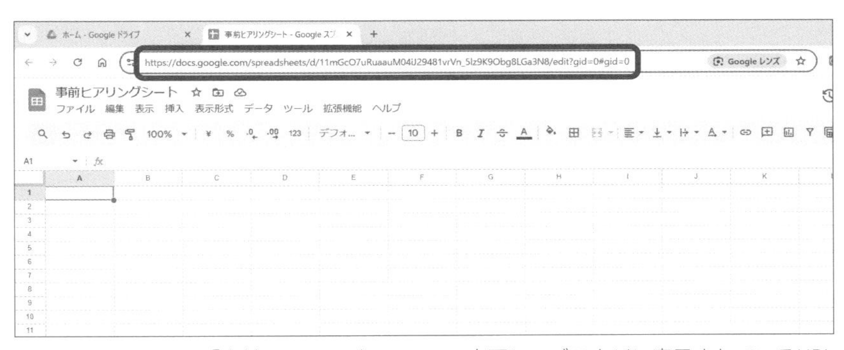

ファイルタイトルを「事前ヒアリングシート」に変更し、ブラウザに表示されているURLをクリップボードにコピー

●続いて、UTAGEで設定

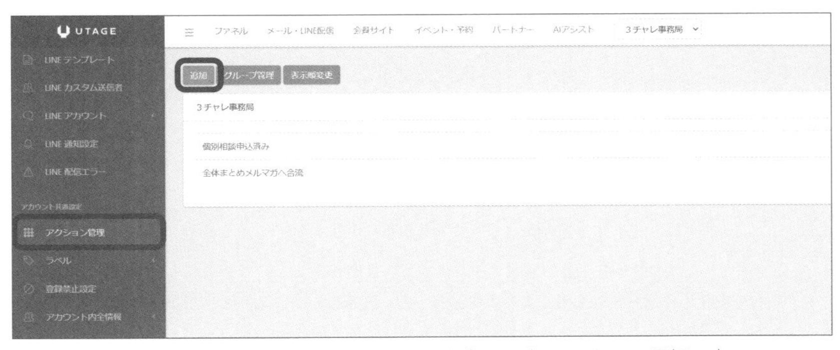

UTAGE管理画面上部メニュー【メール・LINE配信】＞配信アカウント選択＞左メニュー：アカウント共通設定「アクション管理」画面で、緑「追加」ボタンを押す

管理名称：事前ヒアリングシートのスプシ転記

種類：Googleスプレッドシートへ追記

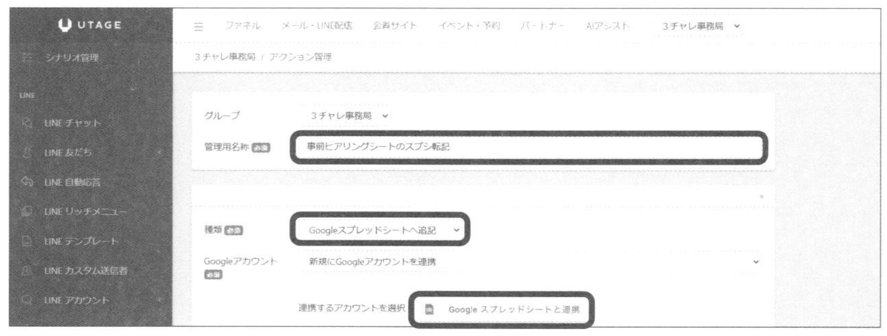

「Googleスプレッドシートと連携」ボタンを押す

Googleアカウントを選択

アカウントを確認して「OK」ボタンを押す

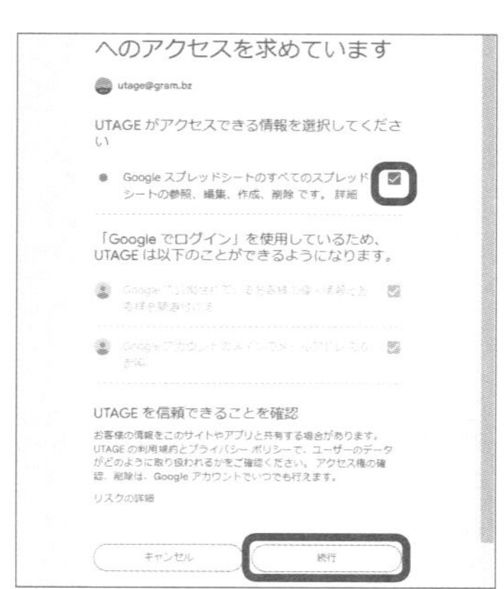

「Googleスプレッドシートのすべてのスプレッドシートの参照、編集、作成、削除です」にチェックをつけ、画面下の「続行」ボタンを押す

UTAGEの管理画面に戻ります。

スプレッドシートURL：先ほど作成したときのURLを入力

シート名が自動で出てきますので、データを書き込みたい対象を選んでください。

続いて、ヒアリングシートで送信いただいた内容をどの順番でスプレッドシートに転記するのか詳しい設定をしていきます。

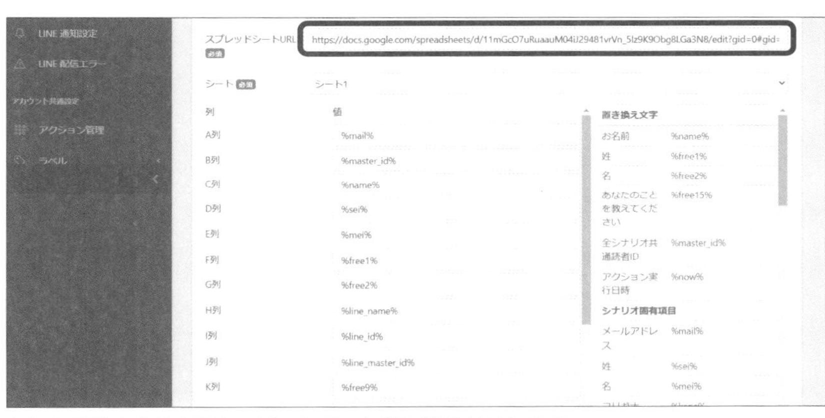

右にある置き換え文字をコピーして、左側に貼り付けします

今回は、シナリオ固有項目があり、置き換え文字を数字で管理するため、番号を間違えるとうまく転記されませんのでご注意ください。

続いて、青丸「＋追加」ボタンを押します。

種類：ラベルを変更

付けるラベル：事前アンケート入力済み

最後に緑「保存」ボタンを押す

次に、スプシ転記のアクション実行するために、シナリオの登録直後メッセージに設定します。

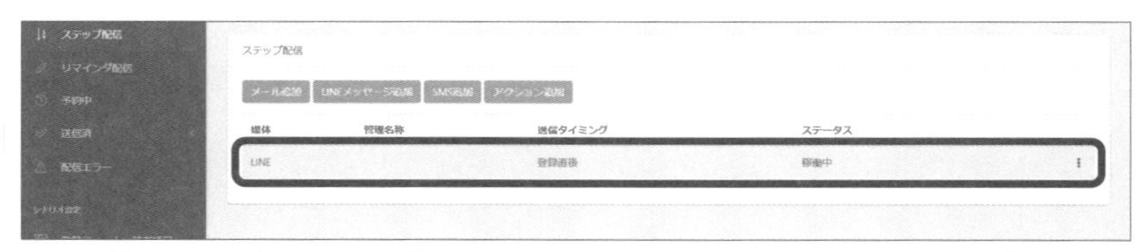

UTAGE管理画面上部メニュー【メール・LINE配信】＞配信アカウント選択＞「事前ヒアリングシート」シナリオの編集画面へ入り、左メニュー「ステップ配信」画面

登録直後のLINEメッセージの編集画面を開きます。

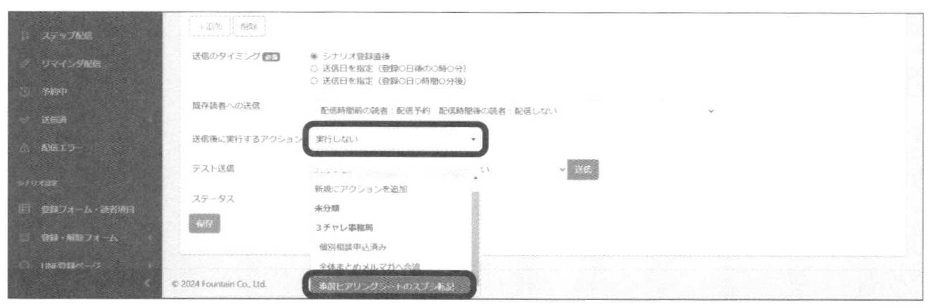

送信後に実行するアクション項目で、先ほど作成したアクション「事前ヒアリングシートのスプシ転記」を選択

最後に、緑「保存」ボタンをゆっくり押してください。

これで、事前ヒアリングシートの記入があった際に、Googleスプレッドシートに自動的に表示されるようになります。メールの登録直後でも、「ヒアリングシートを受付しました」のメッセージを送っておくのもよいです。

事前アンケートの入力完了通知を受け取る方法

フォーム送信があったときに、チャットワークで通知を受け取る方法です。チャットワークでの通知設定の詳細については2章ー7をご覧ください。

UTAGE管理画面上部メニュー【メール・LINE配信】＞配信アカウント選択＞「事前ヒアリングシート」シナリオの編集画面へ入り、左メニュー「シナリオ設定」画面

通知内容：カスタムを選び、GoogleスプレッドシートのURLを入れておきましょう。通知があったときに、クリックするだけで内容を確認できるようになります。

もし、余裕があればですが、入力があったことに気づいたこのタイミングで**個別相談申込者に個別LINEチャットを送っておくのをおすすめします。**シナリオの登録直後で、機械応答しているのですが、あえて、ひと手間をかけてシートの内容に触れつつ連絡してください。テキスト文章ではなく、1分ほどの音声をお送りするのもさらに良い施策です。後の、成約率にも大きく関わってきます。

SECTION

リマインダシナリオを設定しよう

最低3通（登録直後、24時間前、1時間前）ですが、事前アンケートへの回答など他にもアクションをお願いする場合は通数を増やしましょう。

デフォルトのままはやめておこう

UTAGEでは、イベント設定したときにリマインダシナリオを自動生成できます。デフォルトの状態のままでも最低限使える状態ですが、販売者がデフォルト設定をそのまま利用していると、手抜き感が否めませんし、「こんなもんでいいだろう」という販売側の甘えた考えや適当さが見込み客に伝わってしまう可能性があるので、信用・信頼度を担保するためにもぜひ、メール件名や本文メッセージを編集しましょう。

シナリオにはメールでのリマインドメッセージのみがデフォルト設定されるので、適宜、LINE配信も追加するのをおすすめします。ただし、LINEメッセージでZoomミーティングのリンクを送ると、スマホやタブレットを使っての参加が増えてしまうのと、相談者がiPhoneをご利用の場合にスムーズに参加できないケースがあるので、**Zoomミーティングへの参加リンクそのものはメールでのみ送るようにした方が良い**でしょう。

リマインダシナリオの設定方法

イベントを新規作成した時に、すでに、デフォルト送信者名とメールアドレスが設定されていますが、足りないところがあるので、改めて設定します。

UTAGE管理画面上部メニュー【メール・LINE配信】＞配信アカウント選択＞「3チャレ運営代行事前相談リマインダ」シナリオを選択＞左メニュー「シナリオ設定」画面を開きます。

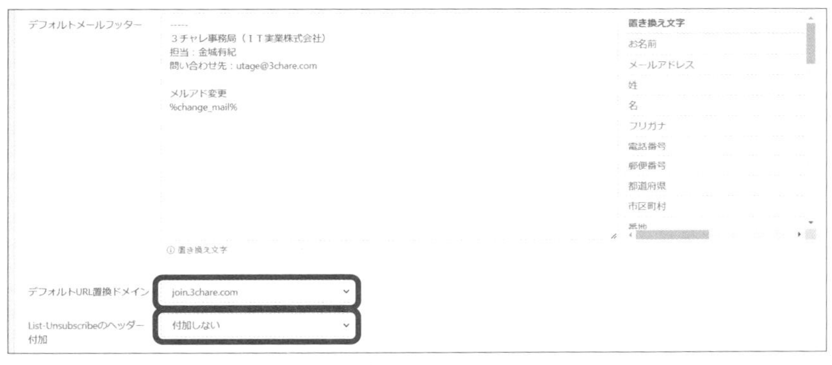

メールフッターに関しては、メルアド変更リンクだけでOK

購読解除されてしまうとZoomの案内が届かなくなってしまうので、List-Unsubscribeのヘッダー付加は「付加しない」を選んでください。

なお、このリマインダシナリオはこのイベント案内のみに利用します。

お申し込みがあったら、イベント機能の通知によって個別相談の担当者向けに通知はされるのですが、他のスタッフにも予約状況をシェアしたい場合は、グループチャットへの通知設定をしましょう。

チャット通知設定
通知先　Chatwork
APIトークン 必須　••••••••••••••••••••••••••••••••
通知先ルームID 必須　rid379
テスト
通知内容　カスタム
内容　[toall]
%event_name%
お申込みがありました
お名前：%name%
メールアドレス：%mail%
予約日時
%event_date|Y/m/d(w) H:i%
番地
マンション名　部屋番号
イベント参加日時
姓
名
あなたのことを教えてください

カスタム通知の事例

CHAPTER-5　リマインダ配信の設定

1 2 3 4 5 6

[toall]とすることで、グループチャット参加者全員にチャットワーク通知が出ます。最後に、緑「保存」ボタンを押してください。

次に、具体的なリマインドメッセージについての解説です。

メール

登録直後メッセージのありかなのですが、上部メニュー【メール・LINE配信】からリマインダシナリオを設定変更している場合は、左メニューのステップ配信に登録直後メッセージが格納されています。

イベント詳細画面の左メニュー「リマインダ配信」からアクセスした場合は、メッセージ一覧の最上部に登録直後メッセージも表示されます。

●登録直後メッセージの下書きサンプル

件名：【重要】受付完了＆事前ヒアリングシート記入のお願い

本文サンプル：

%name%様

この度は
%event_name%
にお申込み頂きありがとうございます。

※重要※
ヒアリングシートのご記入はお済みでしょうか？

まだの方は、コチラ↓から
[個別相談サンキューURL]※事前アンケート記入できるページ
送ってくださいね。

より多くをお持ち帰りいただける有意義な時間とするために
ご協力くださいませ。

さて、いくつかご案内がございます。

1：今すぐ、スケジュールにいれてください

予約日時
%event_date|Y/m/d(w)H:i%

ご予約の60分前にZoomミーティングへの参加リンクを【メールで】お知らせします。

オンライン会議ツール「zoom」を使って、インターネット上で行います。

資料を画面共有いたしますので、パソコンでの参加をおすすめします。

お互いの顔を見てお話がしたいので、カメラONでの参加をお願いしております。

外出先のカフェなどでは、環境音のせいで声が聞き取りづらかったり、発話制限されたりしますので

静かな、発話できる環境でzoomミーティングにご参加ください。

また、安全確保のため、運転中の参加はご遠慮ください。

2：Zoomをはじめて使う方へ

zoomは無料でご利用いただけます。

事前準備が必要です。

コチラをご覧の上、ご準備をお願いいたします。
https://zoom.208masters.com/introduction/

3：このメールが迷惑メールに入っていた方は

「迷惑メールではない」をポチッとお願いします。

4：キャンセルの場合は

必ず、事前にご連絡ください。

連絡は、このメールに返信するか、またはLINEにお願いします。

それでは、
長々とお伝えしましたが

当日、お会いできるのを楽しみにしております。

一番のポイントは、**1時間前のメールでのみZoomの連絡をすると事前連絡している点**になります。こうしておくと、申込者が注意してメールの受信箱を見るようになりますし、後の設定のための前振りでもあります。

このため、メール本文にデフォルトで設定されている置き換え文字「%event_info%」は使いません。置き換え文字が相手に送られるときに、Zoomのリンクも掲載されてしまっているからです。

デフォルトで設定されているメッセージ文章にある「%event_info%」は、以下のように書き換えます。

予約日時：
%event_date|Y/m/d(w)H:i%

会場：
オンライン(Zoom)

※参加用URLにつきましては、
開催1時間前にメールでお知らせします

事前にZoomをインストールして頂く必要がございます。

まだインストールしていない場合、以下からインストールくださいませ。

Zoomインストール（無料）
https://zoom.us/download

予約日時の置き換え文字は、本文入力欄の横にある「イベント参加日時」をクリックすると取得できます。

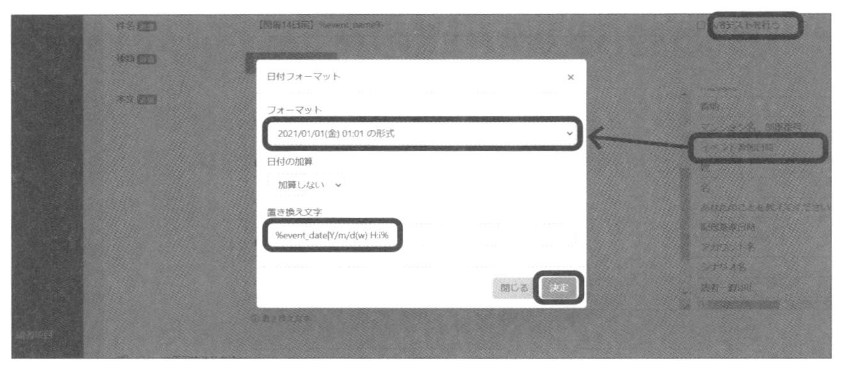

フォーマットは「2021/01/01(金)01:01の形式」を選択し、緑「決定」ボタンを押すとフォーカスがあたっているところに自動で設定される

主な編集内容としては、置き換え文字「%event_info%」を削除して書き換え、事前ヒアリングシートの記入について連絡します。できれば、メール文頭の文章も変えて、デフォルト設定されるメッセージとは開いた途端に（違う）と感じさせられるとよいです。

さて、下書きをもとに、実際の変更をしていきます。まずは件名を変更します。続いて、下書きをしておいた本文を貼り付けます。

下書きにある[個別相談サンキューURL]を実際のファネル＞ページ一覧「個別相談サンキュー（事前ヒアリングシートの記入ページ）」のURLに書き換え

本文を書き替えたら、アクション設定をします。

送信後に実行するアクション：「個別相談申込済み」を選択

続いて、事前ヒアリングシートの記入ページにアクセスしたかどうかを判別するためのラベル付けをします。

リンクを開いた際に実行するアクション：新規にアクションを追加＞ラベルを変更＞ラベルを付ける（CL事前アンケートページ）

最後に、緑「保存」ボタンを押してください。

以降、予約いただいた実施日時に向けて、リマインダを逆順に設定していくのですが、何日前から設定するのかというと、イベント・予約機能＞イベント選択＞左メニュー「日程設定」＞右ペイン下にある「何日分を表示」項目で、選んだものに合わせます。

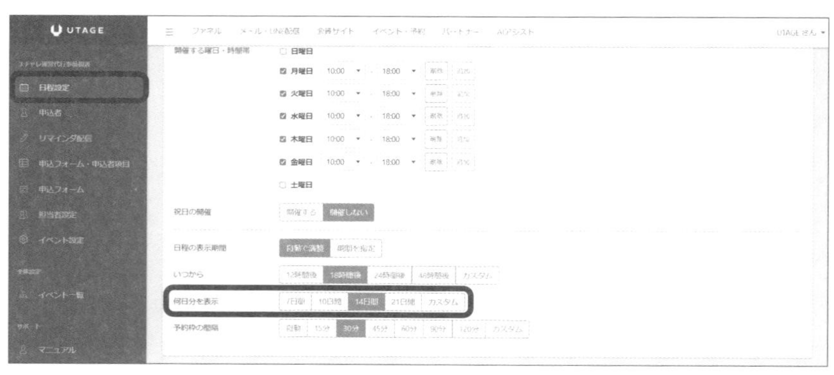

日程設定サンプル

申込者が直近の日付で選んでくれたほうが成約しやすい傾向があるので、あまり長い期間を予約できる状態にしておくのはおすすめしません。21日すら長いと考えています。

最適なリマインドメッセージを送る回数というのはないのですが、最低でも3通は送りましょう。**登録直後、24時間前、1時間前は必須**です。個人的には、イベント設定時にリマインドとしてデフォルト設定される通数は、そのままでちょうどよいと考えています。しかしながら、送る時間帯は、あなたのターゲットによって変える余地があるかもしれません。

登録直後に入れたメッセージを参考に、14日前、7日前、3日前までをメール件名だけでも変更してください。続いて、割と大事な1日前のリマインダの編集です。

●1日前の8:00→24時間前に変更

このリマインダメッセージについては、配信タイミングを設定変更します。デフォルト設定されている「1日前の8:00」を設定変更します。

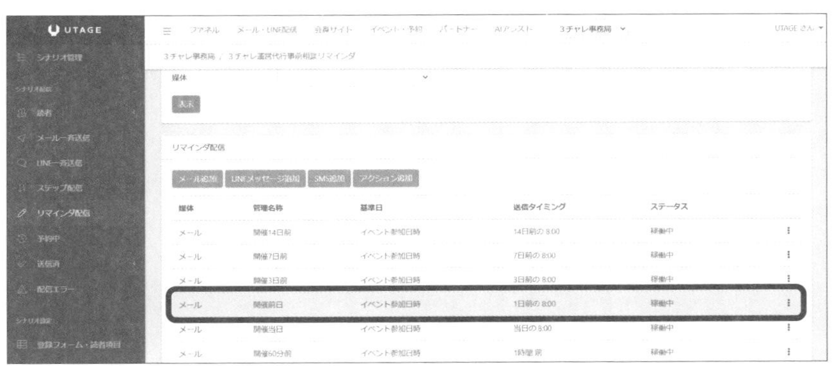

リマインダー一覧から「1日前の8:00」行をクリック

メッセージの詳細画面に入ったら、本文を書き換え、配信タイミングを変更

【設定項目】

送信のタイミング：[基準日よりも前を指定] 相対時間を指定（開催○日○時間○分前）

基準日の「1」日「0」時間「0」分前

　最後に緑「保存」ボタンを押します。これで、予約日時のちょうど24時間前に配信されます。

1時間前にZoomリンクを送る

　メールでのみZoomミーティングの参加リンクを送ります。

リマインド配信から送信タイミング：1時間前のメッセージを開き、編集します

【設定項目】
プレビューに表示するテキスト：Zoomリンク
リンクを開いた際に実行するアクション：ラベル変更＞付けるラベル（CL_Zoomリンク）

最後に、緑「保存」ボタンを押してください。

10分前直前連絡

すぐに見つけてもらえるように受信箱の一番上にくるように送っておきます。メールではZoomリンクを再送し、リンクには「CL_Zoomリンク」をラベル付けしておきます。

LINEでは、メールでZoomリンクを送ったことを伝えます。あわせて、迷惑メールボックスの対応もお願いしておくとよいです。

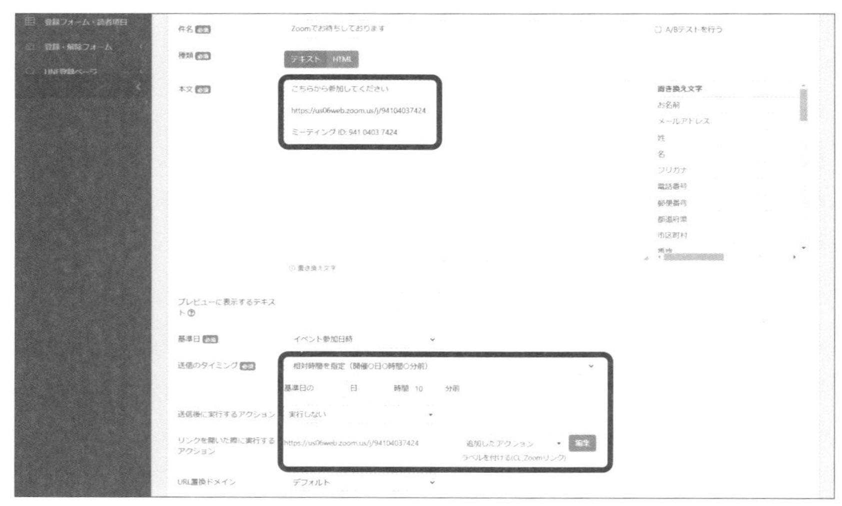

受信箱の一番上にくるように送っておきます

【設定項目】

送信のタイミング：［基準日よりも前を指定］相対時間を指定（開催○日○時間○分前）

基準日の「0」日「0」時間「10」分前

リンクを開いた際に実行するアクション：ラベル変更＞付けるラベル（CL_Zoomリンク）

最後に緑「保存」ボタンを押してください

LINEメッセージの編集

重要な通知だけを行います。Zoomミーティングへの参加リンクはLINEでは送りません。スマホでZoom参加された場合に、**画面が小さくてプレゼン資料の文字が読みづらい、スマホでは決済作業がしづらく後日決済を選択しがち**などの理由から、できるだけPC端末から個別相談に参加していただきたいからです。もちろん、あなたの見込み客属性によってLINEでZoomのミーティングURLを送った方が参加率が上がって成約数が確保できる場合は、LINEでメッセージしてください。

●登録直後

事前アンケートを実施していた場合、ちょうど入力しようとしているタイミングでもあるので、邪魔にならないようにLINEメッセージは時間をズラします。また、あれもこれもを頼むのはナンセンスなので、連絡したいことはタイミングをずらして1つずつ送ります。

リマインダシナリオ詳細画面の左メニュー「ステップ配信」画面で緑「LINEメッセージ追加」ボタンを押して新規追加します。

【設定項目】
管理名称：10分後

本文1：
ご予約ありがとうございました

ご予約日時
%event_date|Y/m/d(w)H:i%

今すぐ、スケジュールにいれておいてくださいね

本文2：
参加Zoomのリンクはメールでお送りしますので、【必ず】受信箱をご確認ください

迷惑メールボックスに入っていた場合は「迷惑メールではない」をポチッとしておいていただけるとたいへん助かります

送信のタイミング：［基準日よりも前を指定］相対時間を指定（開催○日○時間○分前）

シナリオ登録「0」日「0」時間「10」分後

設定サンプル（本文内にURLがないため開封率は計測できません）

最後に、緑「保存」ボタンはゆっくり1回だけ押してください。

●1日後朝8時

イベント・予約機能＞イベント選択＞左メニュー「日程設定」＞右ペイン下にある「いつから」項目で選んだものとよくよく勘案してください。12時間を選択していた場合、1日後（24時間後）では連絡が遅い可能性があります。

　このタイミングでは、まだ、事前アンケートにご記入いただいていない方を対象に、入力フォームのページリンクを送ります。

　リマインダシナリオ詳細画面の左メニュー「ステップ配信」画面で緑「LINEメッセージ追加」ボタンを押してください。

【設定項目】

［管理名称］1日後8時：事前アンケ未記入

配信条件：条件に該当する登録者に配信(条件を指定する)

「ラベル」「に次を1つ以上含む人を除外」「事前アンケート入力済み」

> **事前にヒアリングシートにご記入いただくと、時間いっぱいアドバイスを差し上げられますので**
> **ご協力ください**
>
> **▼入力はコチラから**
> **[個別相談サンキューURL]**

送信のタイミング：送信日を指定（登録0日後の○時0分）

シナリオ登録「1」日後「8」時「0」分

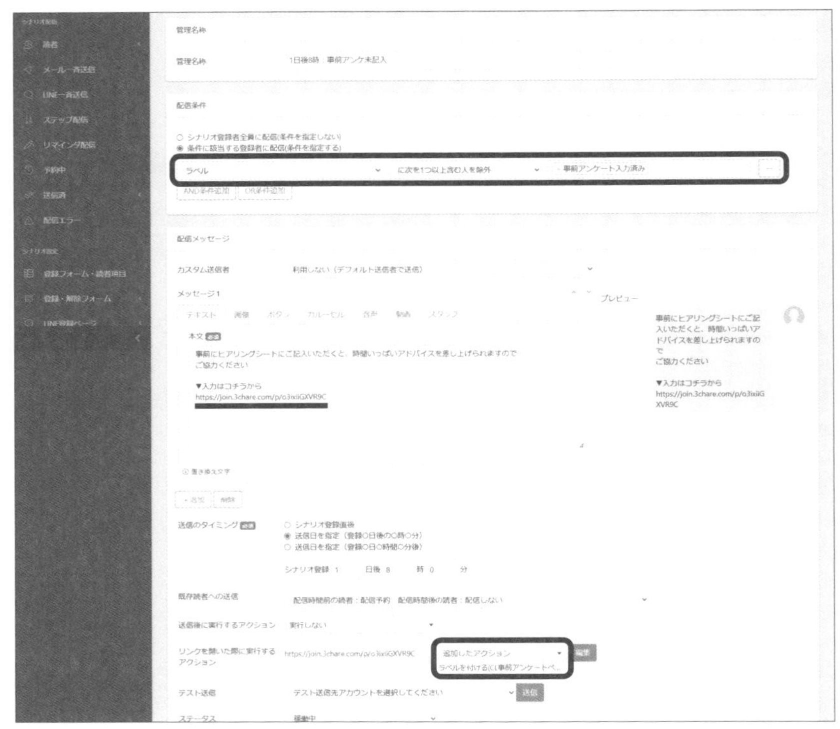
設定サンプル

　最後に、緑「保存」ボタンはゆっくり1回だけ押してください。

●1日前（24時間前）

　短文で、リマインドだけ送ります。キャンセルについては言及しません。

　リマインダシナリオ詳細＞左メニュー「リマインダ配信」＞緑「LINEメッセージ追加」から設定します。

【設定項目】

管理名称：24時間前

本文

明日のご案内です

ご予約日時

%event_date|Y/m/d(w)H:i%

1時間前にZoom参加リンクを【メール】でお送りします

メールアドレス

%mail%

こちらの↑受信箱をご確認くださいね

【設定項目】

送信のタイミング：[基準日よりも前を指定] 相対時間を指定（開催○日○時間○分前）

基準日の「1」日「0」時間「0」分前

設定サンプル

最後に、緑「保存」ボタンはゆっくり1回だけ押してください。

●直前8分前

リマインダシナリオ詳細＞左メニュー「リマインダ配信」＞緑「LINEメッセージ追加」から設定します。

【設定項目】
管理名称：8分前
本文

> Zoomリンクをお送りしました。メールの受信箱をご確認下さい。
> %mail%
>
> まもなくお会いできるのを楽しみにしております
>
> 迷惑メールボックスに入っているケースもありますが、その場合は「迷惑メールではない」をポチッとしていただけると大変たすかります

【設定項目】
送信のタイミング：［基準日よりも前を指定］相対時間を指定（開催〇日〇時間〇分前）
基準日の「0」日「0」時間「8」分前

設定サンプル（本文内にURLがないため開封率は計測できません）

最後に、緑「保存」ボタンはゆっくり1回だけ押してください。

●5分超過

UTAGEのリマインダ配信では、**予約日時を超過してからのステップ配信が可能**です。まだZoomに入ってきていないひとを対象に、サポートのメッセージを自動で送ります。このために、メールの1時間前と10分前に配信条件に使えるラベル「CL_Zoomリンク」を付けています。

【設定項目】

【管理名称】5分超過CLなし

配信条件：条件に該当する登録者に配信(条件を指定する)

「ラベル」「に次の全て含む人を除外」「CL_Zoomリンク」

本文

Zoomでお待ちしております

PCトラブルが起きているようでしたら、電話でご連絡ください

tel:08012345678

送信のタイミング：[基準日よりも後を指定] 相対時間を指定（開催〇日〇時間〇分後）
基準日の「0」日「0」時間「5」分後

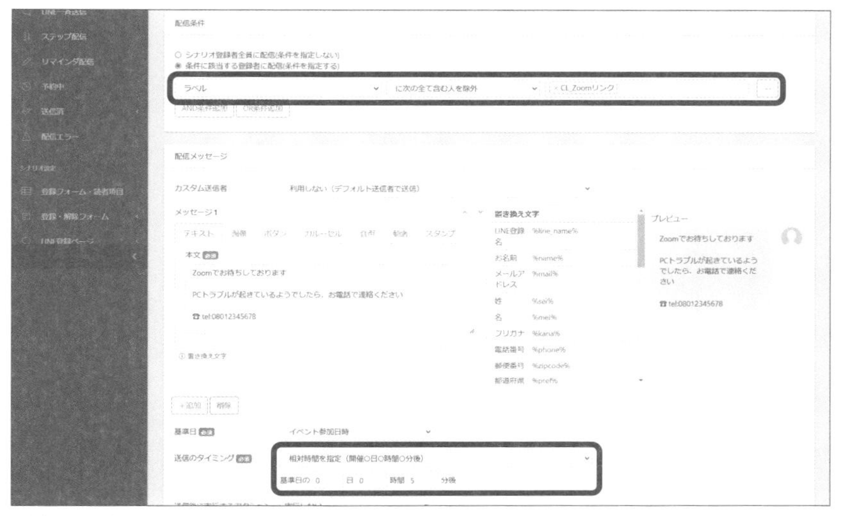

設定サンプル

最後に、緑「保存」ボタンはゆっくり1回だけ押してください。

●リマインダシナリオの設定完了状態

ステップ配信一覧

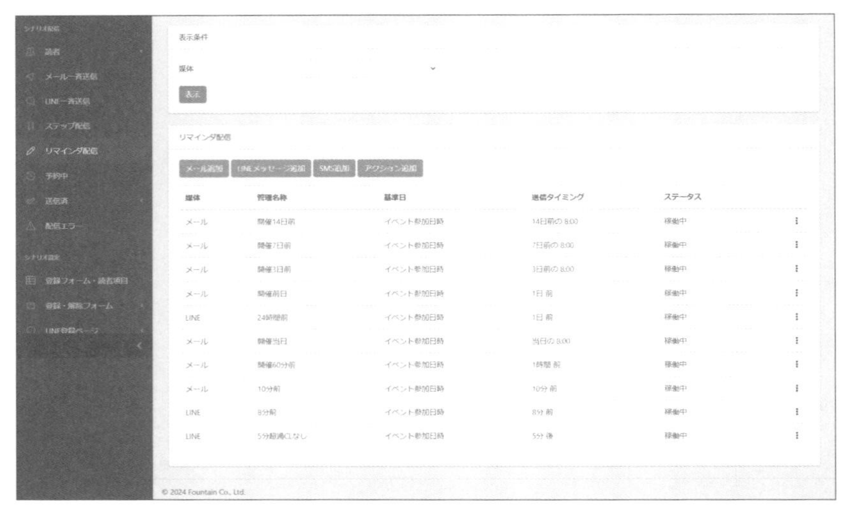

リマインド一覧

リマインドが多すぎると感じる場合は、メッセージを削除し、通数を減らして良いです。登録直後と、24時間前と、1時間前（Zoomリンク）だけは、最低限設定してください。

CHAPTER

6

改善と定期配信のコツ

6

SECTION

ファネルにテスト登録してみよう

作ったファネルが意図した通りに動くのかテスト登録して動作状況を確認しましょう。油断は禁物です。

見込み客視点でファネルを体験する

ここまでで、「かんたんLINEファネル」の実装が終わっているはずなので、あなたのメールアドレスとLINEを使って、テスト登録をしてみましょう。自分が意図した通りに動いているのかどうかは実際にテストしてみないことにはわかりませんし、特にメッセージの**テスト送信では置き換え文字がそのままで表示されることがある**ので、実際に、オプトしてみて、自分でもファネルを体験してみることで改善点が多数見つかります。見込み集客の前に、必ず、動作テストを行なってください。

UTAGE管理画面上部メニュー【ファネル】＞ファネル選択＞左メニュー「登録経路」から、テスト用のオプトURLを取得します。緑「追加」ボタンを押してください。

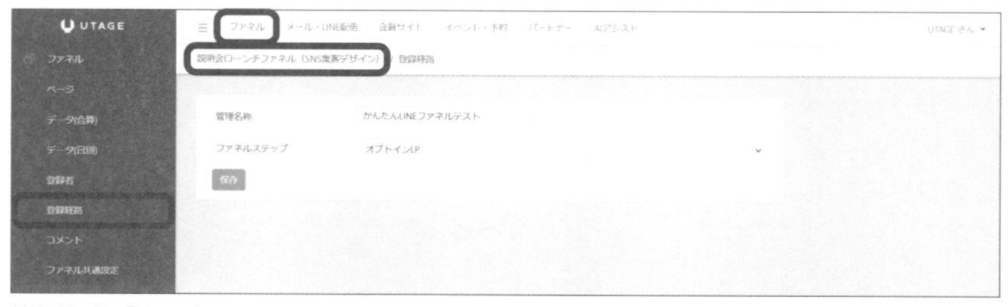

管理名称「かんたんLINEファネルテスト」を入力し、ファネルステップは「オプトインLP」を選択。最後に緑「保存」ボタンを押す

なお、これは、登録経路のデータをファネルの最後まで引き継いでいくかどうかをテストするためです。

表示されたURLをクリップボードにコピーしておいてください。

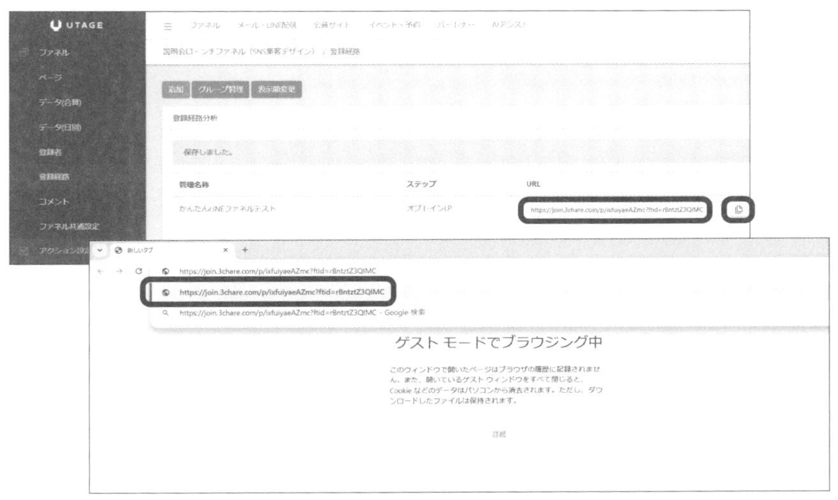

Chromeブラウザのテストモードで開きます。コピペしてオプトLPを表示

あとは、ご自身のメルアドを登録して最後までの流れを確認してください。

自分自身でテスト登録し、実際のユーザー体験と近い状況でファネルを体験してみて、**あなた自身が面倒だ・わかりづらいと感じた部分は改善しましょう。**できればテストは、スタッフや仲間に頼んで、他人目線でチェックしてもらうことをおすすめします。

動作がおかしい？　多くの場合は設定ミス

動作状況がおかしいですとご相談いただいて、管理画面の設定をみせていただくと、設定ミスしていることがほとんどです。特に、アクション設定をどこのどのタイミングでやるとよいのかは、かなり精密に設計する必要があります。例えば、メッセージで「送信後に実行するアクション」と、「リンクを開いた際に実行するアクション」の中で、同じシナリオに遷移するアクションを重複して設定していた場合に、動作しないことがあります。

他にも、商品管理：購入後の動作設定で「開放するバンドルコース」の設定をした上で、購入後のアクションにも同じバンドルコースを開放するように設定していたり、さらに、購入者向けのシナリオ登録直後メッセージでも同じバンドルコースを開放するように設定していた場合、コースの受講生データが重複して作られてしまうので、ご注意ください。

公式マニュアルサイトにトラブルシューティングがたくさん掲載されていますので、ぜひ、こちらもご活用ください。

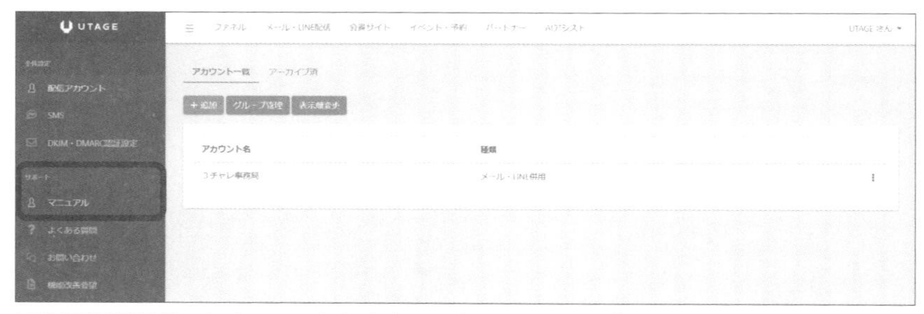

UTAGE管理画面の左メニューからすぐにアクセスできる。「マニュアル」をクリック

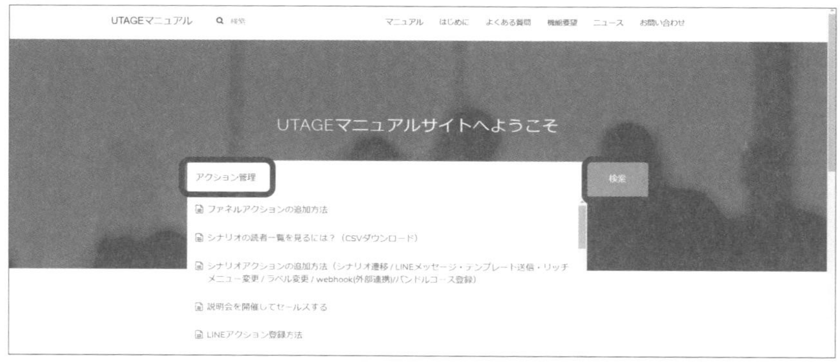

調べたいキーワードを入力すると関連するページをすぐに見れる

SECTION

6-02 UTAGE

意外と知られていない効果測定機能について

UTAGEは特に何も設定していなくても自動的に数値計測しています。定期的にチェックしてよりよくなるようにファネルを改善していきましょう。

メッセージの成績を見る

配信したステップ配信の成績を見るには、上部メニュー【メール・LINE配信】>配信アカウント選択>シナリオ選択>左メニュー「送信済」>「ステップ」画面を見ます。

リマインダ配信
予約中
送信済
一斉送信
ステップ
リマインダ
配信エラー

配信済メール・メッセージ

① メール配信での解除数を表示する

②

媒体	管理名称	送信数	開封数	開封率	クリック数	クリック率	解除数
メール	あいさつ	204	49	24.02%	32	15.69%	0
LINE	あいさつ	20	19	95%	9	45%	
LINE	5分後追撃	6	0	0%	0	0%	
LINE	1日後8時：動画の見どころ_1	13	8	61.54%	2	15.38%	
メール	1日後12時：動画の見どころを紹介	200	44	22%	10	5%	4
LINE	1日後12時：動画の見どころ_2	12	9	75%	2	16.67%	
LINE	1日後18時：見どころ_3	12	8	66.67%	1	8.33%	
LINE	2日後8時：見どころ_4	13	0	0%	0	0%	
メール	2日後12時：リアルセミナーの案内	188	39	20.74%	9	4.79%	1
メール	2日後18時：副業といえば…？	186	43	23.12%	6	3.23%	1
メール	3日後12時：事業説明会案内	125	21	16.8%	1	0.8%	0

「メール配信での解除数を表示する」にチェックをつけると解除数が見れる

管理画面にアクセスしてすぐは全期間でのデータ表示ですので、カレンダーからキャンペーン開始日から3日間とか7日間とか、期間を選んで比較して見てみることも見込み客の動きをチェックするのに有効です。

よりよくブラッシュアップするための重要な指標ですので、自動化したファネルを稼働させたばかりの時点ではマメに確認するようにしましょう。

●メッセージ1通ごとの詳細なデータが見たい場合

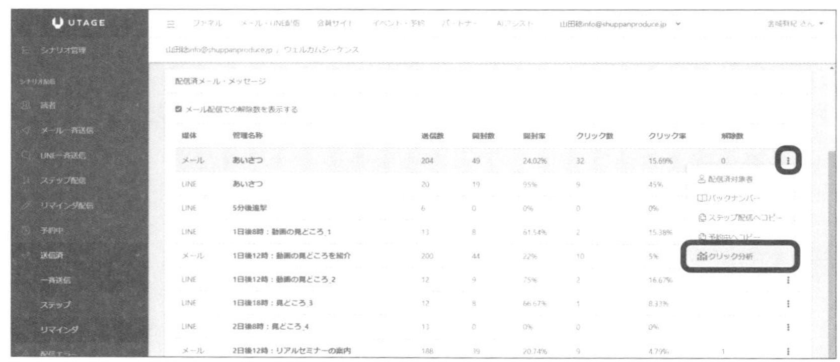

右端にある縦三点「操作メニュー」＞「クリック分析」をクリック

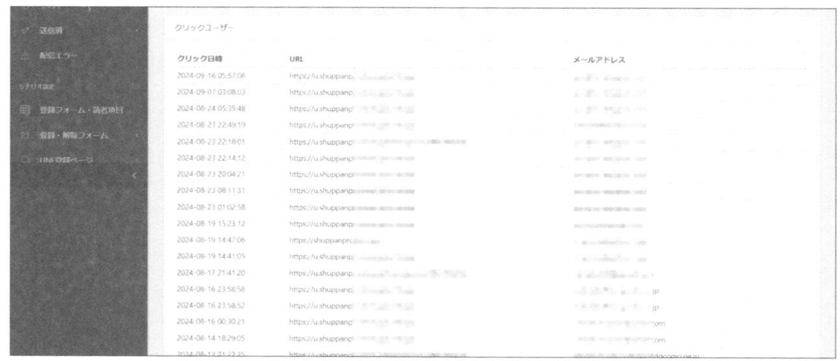

どのアドレスの人が、いつ、どのリンクをクリックしたのか一覧で見れる

また、このクリック履歴は、見込み客それぞれの行動データとしても見ることができます。

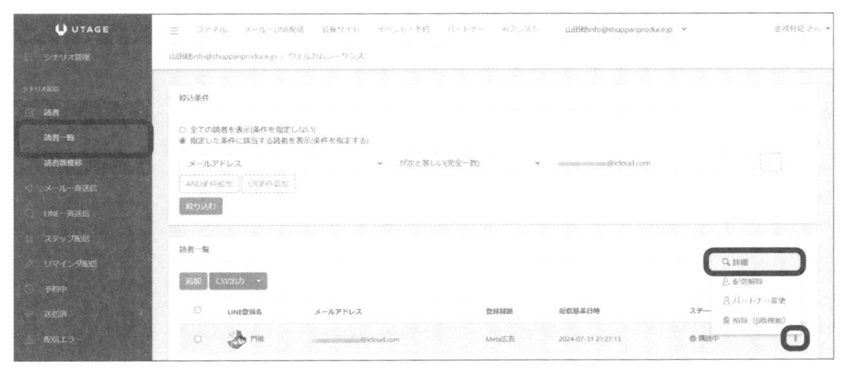
いずれかのシナリオの読者一覧から、該当の読者の右端縦三点「操作メニュー」＞詳細をクリック

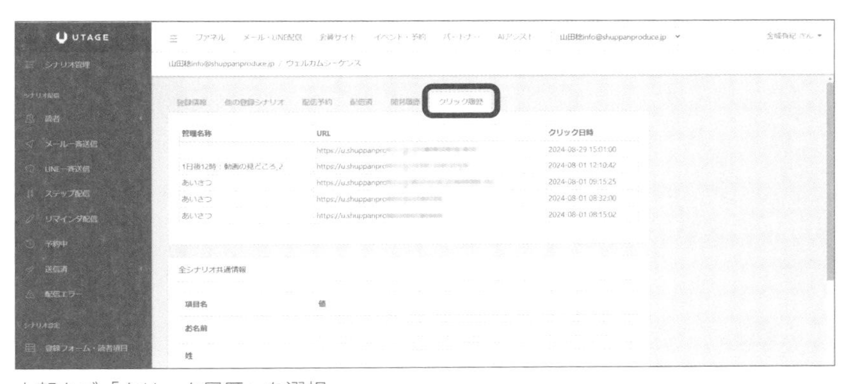
上部タブ「クリック履歴」を選択

なお、見込み客のクリック履歴を配信条件として使いたい時のために、メッセージ本文に記載したURLにアクション設定してラベル付けしておきます。**読者それぞれについたラベルの情報は、LINEチャットにも表示されるので便利**です。

ここからは、数値から見えてくるものと対策についてお伝えします。

●LINEの配信数があるのに開封が0%

LINEメッセージ本文内にURLが含まれる場合にのみ、開封履歴の計測対象です。テキスト文章としてURLを送っていないのであれば正常動作です。開封率がわからなくても、クリック率の計測対象です。

本文内にURLがないため開封率が計測されないメッセージ事例

●**メールの開封率が低い**

メールの開封率は正確な計測ができません。開封計測のためにピクセル画像を表示させているのですが、見込み客が受信箱にあるメール本文を見た時に「画像を表示しない」選択をした場合に計測できないからです。このため、メールの開封数については最低値であると考えて、目安程度に捉えましょう。**開封数よりも実際のユニーククリック数の方が重要度が高い**です。

この上で、できる対策についてなのですが、メールについては件名がありきたりで気を引かないことが挙げられますので、より魅力的でキャッチーなものに変えましょう。よりキャッチーな表現にしたい場合は、生成AIに手助けしてもらうのもひとつの方法です。

あえてメール件名に絵文字を使うことで受信箱内での視認性を上げることもできます。

また、気を引くキャッチコピーを「プレビュー」に設定するのも良い方法です。

プレビューの設定箇所

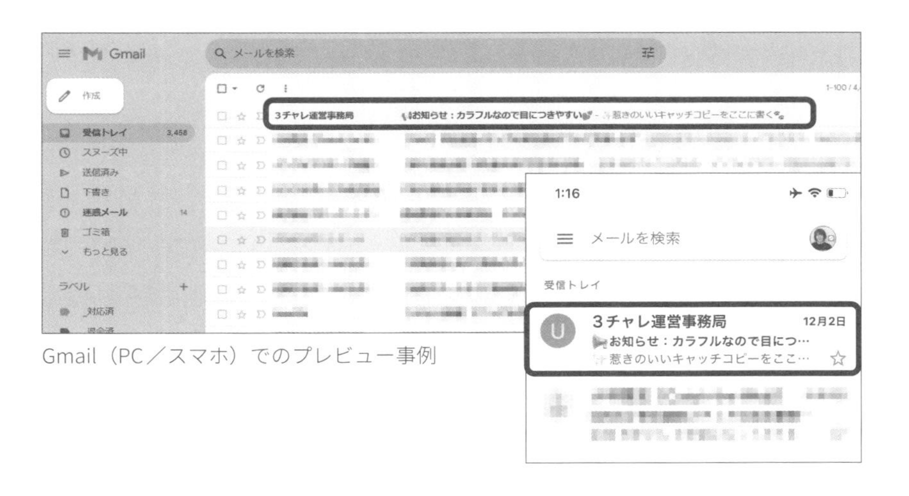

Gmail（PC／スマホ）でのプレビュー事例

PCブラウザの場合、メール件名が長いとプレビューが表示される余地がないのですが、スマホアプリだと件名の下の行に表示されています。

●LINEの開封率が低い

LINEの場合は、スマホに出る通知メッセージで用件がすべて見えてしまっていて、トークルームを開いてまで本文を見る必要がなくなっているケースがあります。

LINEのスマホ通知の事例

LINEでは複数の吹き出しを1回の送信で送ることができますが、1つめの吹き出しの「出だしの文章（通知メッセージ）」と、最後の吹き出しに設定してある「出だしの文章（通知メッセージ）」を工夫することで、トークルームの開封率を上げることができます。

あなたのスマホの設定で通知が出ないようにしていたとき、経験がないことが理由で、ロック画面がこのように見える可能性があることに気付かないことがよくあります。

●クリック率が悪い

メッセージ本文内に記載した、行動を促す文言であるCTAが、あなたが意図したように正しい意味で伝わっていないか、または、掲載したURLまでの文章が魅力的ではない可能性が高いです。メッセージ本文を書き換えましょう。

LINEの場合は、URLとテキスト文章の間に「空白スペース」が入っていないことで、文字列すべてがリンク設定されてしまっていて、動作しない状況になっていることもあります。

あとは、メール内に記載しているURLが多すぎて、全体のクリック数を下げてしまっているケースもあります。人は、提示された選択肢が多すぎると、決断を放棄して「どれもクリックしない」という最大の選択肢を消極的に選択してしまいます。

1メッセージにつきメインの1リンクだけがクリックされるように、メッセージ本文を見直しましょう。

●配信数が0または極端に少ない

よくあるのが「配信条件」を設定するつもりがないのに、マウスでクリックしてしまっていたことに気付かずに変更を保存してしまい、結果、無意味な配信条件の絞り込み設定をしてしまっているケースです。

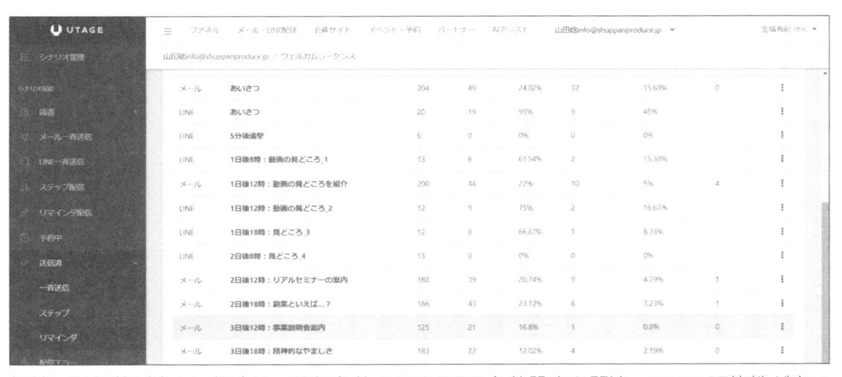

極端に配信数が少ない場合は、配信条件のAND/ORの条件設定を間違っている可能性が高い

●極端に解除されるメール

多くの場合、送信タイミングの設定を誤っていて真夜中など生活時間帯とはズレた時間にメッセージを送ってしまっています。該当シナリオのステップ配信一覧でよくよく確認してください。

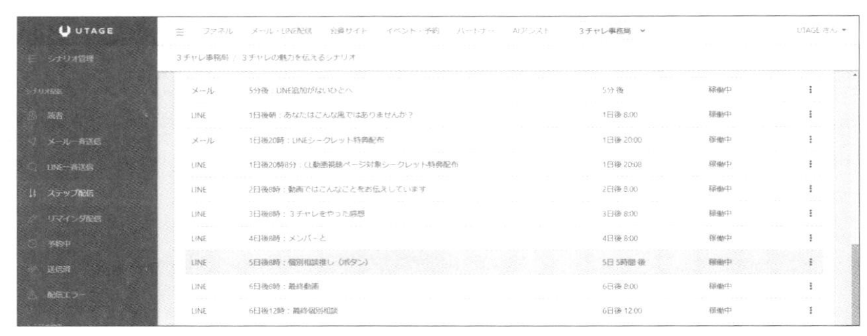

オプトしたのが20時だった場合に、夜中25時に配信される

この他、メール件名やメッセージそのものが公序良俗に反する表現になっていたり、発信者の不機嫌さをキツイ言葉で表現していて、見込み客に嫌気されているケースもあります。いつでも、公私共にどんなときでも**読者を楽しませるつもりでメール・LINE発信をしてください。**

SECTION 6-03 UTAGE

メールが相手に届かないとき

受信箱に届く確率を上げるための施策は、ドメインにDKIM/DMARC認証設定をすること、そして、メール本文内のリンクを独自ドメインに変更することですが、これ以外にもあります

登録禁止設定

近年、迷惑メール判定が厳しくなっており、特に、携帯キャリア各社がユーザーに発行しているメールアドレスについては届きにくい状況がずっと続いています。このため、YahooやGmailなど、比較的届きやすいメールアドレスでご登録いただくことをLPに記載することもひとつの方法なのですが、あえて、携帯キャリアのメールアドレスではじめからオプトインできない設定にしておくのもおすすめです。

上部メニュー【メール・LINE配信】＞配信アカウント選択＞左メニューを下に「登録禁止設定」画面

携帯キャリアのメールアドレス
@icloud.com（me.com、mac.com）、@docomo.ne.jp、@au.com、@ezweb.ne.jp、@softbank.ne.jp、@i.softbank.jp、@vodafone.ne.jp、@rakuten.jp、@rakumail.jp、@yahoo.ne.jp、@ymobile.ne.jp、@uqmobile.jp

メルアドの入力間違いが判明するとUTAGE側で自動的に配信停止にしてくれます。@icloud.comは本当に配信エラーになりやすいので、これだけでも「登録禁止ドメイン」に設定にしておくとよいでしょう。

よくある入力間違いドメインも設定しておくのをおすすめします。たとえば、@yhoo.co.jpや@gmai.comなどです。

「登録禁止アドレス」欄には、過去にトラブルがあって二度と関わりたくない顧客のメールアドレスを1行ずつ設定します。なお、meiwaku@dekyo.or.jpを事前に入れておくのもおすすめです。このメルアドは「迷惑メール相談センター」の窓口メルアドです。

Postmasterツールへのドメイン登録

Gmailへの到達率を上げるためにGoogleが提供している「Postmastertools」にドメインを登録しておきましょう。

Postmastertools
https://postmaster.google.com/

Google Postmaster Tools

Postmaster Tools

We've updated our compliance status dashboard to service more users! Senders with smaller sending volumes will be able to check and monitor their compliance with Gmail's email sender requirements.

Domain	Status	Added
gram.bz	Verified	2024/10/01

©2016 Google · About Google · Terms of Service · Privacy Policy

右下の赤丸「＋」ボタンを押す

Tools

We've updated our compliance status dashboard to service more users! Senders with smaller sending volumes will be able to check and monitor their compliance with Gmail's email sender requirements.

1/3 - スタートガイド

メールの認証に使用するドメイン

3chare.com

Enter the domain used to authenticate your mail with SPF or DKIM. Refer to the help page for more details.

次へ

あなたの独自ドメインを入力

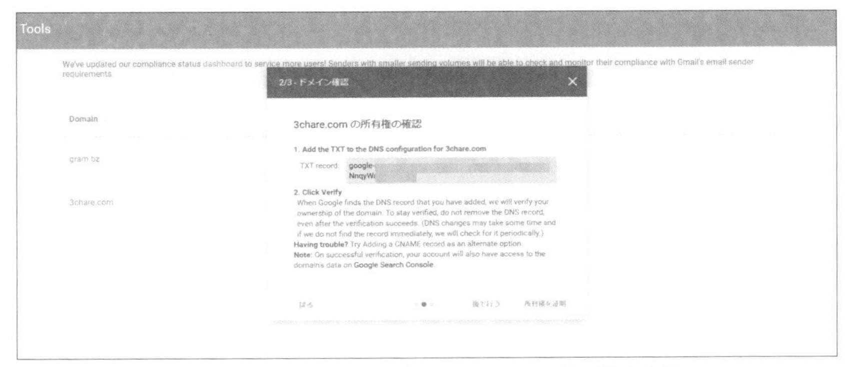

表示されたDNSレコードをエックスサーバーのDNSレコードに設定する

エックスサーバー管理画面にログインして、左メニューのドメイン＞DNSレコード設定＞「＋DNSレコード設定を追加」ボタンを押します。

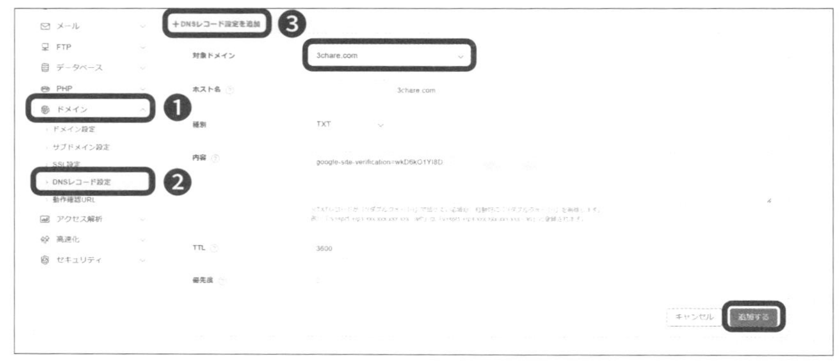

種別：TXT、内容欄に先ほどの値を貼り付け、青「追加する」ボタンを押す

Postmastertoolsに戻り、10分ほど待ってから「所有権を証明」をクリックします。

完了

DNSレコードが反映されないと所有権の確認ができませんので、時間がかかることがあります。後日、Postmastertoolsにアクセスする際は、ドメイン名の上にマウスカーソルを置くと右端に縦三点のアイコンが出てくるのでこれをクリックすると、「所有権を証明」メニューが出てきます。

Postmastertoolsでは、受信者がそのメールを迷惑メールに分類したタイミングや、迷惑メール率を見ることができます。メルマガ運用歴が長いドメインをお使いの方は、ぜひ、ドメイン登録してみて計測しましょう。なお、Googleのヘルプによると「迷惑メール率を0.10%未満に維持し、迷惑メール率が決して0.30%以上にならないようにすること」とのことです。

見込み客の連絡先リストに入れてもらう

すでにお伝えしたように、SPF/DKIM/DMARCの設定をして、すべてがPASSになっていることは最低限の必須事項ではありますが、**より受信箱への到達率を上げるために、個別のメール返信を促す仕掛けをメール内に積極的に入れていきましょう。**個別のやりとりをした履歴がある送信者メールアドレスは、その後も迷惑メール判定されづらく、受信箱に届きやすい傾向があります。特に、受信アドレスがGmailやYahooの場合に有効です。

こちらから送るメッセージのどこかで「メールを返信してくれた方に、特別なプレゼントがあります」というかたちで個別のやりとりが発生するキッカケを作ります。あとは「メールで感想をいただきました」と、感想を引用して紹介することで、感想を送った見込み客も「先生に紹介されて」うれしいですし、それを見て、他の見込み客も（送っていいんだ）ということが伝わるので、さらに個別の感想メールをもらいやすくなります。

また、実際に感想メールを下さった方をVIP対応していくのもファン化促進に有効です。

LINEでもそうですが、個別の対応を増やすことで、ビジネス結果はよくなっていきますので、ぜひ、コミュニケーションコストをかけてください。自分だけでは到底やれなくなってきたら、講師やパートナーを育てていくビジネスフェーズへと移行できます。

受信箱への到達率を上げるための施策をあらためてまとめます。

技術面の対応

- SPF/DKIM/DMARC認証設定を確実にする
- UTAGEから送るメール文章内のURLを独自ドメインに切り替える
- GoogleのPostmasterToolsにドメイン登録しておく

運用面の対応

- 送受信できるメールアドレスを配信メールアドレスとして使う
- 全体まとめメルマガとキャンペーンシナリオはすぐに購読解除できるようにしておく
- List-Unsubscribeのヘッダー付加する
- メールフッターに購読解除リンクを掲載する
- 同じメッセージを複数シナリオから送ったせいで迷惑メール通報されないように、**全体まとめメルマガから全体配信する**
- 登録解除したひとには送らない
- 見込み客と1:1のメールのやりとりを増やし、相手の連絡先リストにあなたの配信メルアドを入れてもらう
- きまぐれ配信は迷惑メール判定を受けやすい。定期配信する
- 一定期間読んでいない人には送らない
- プロモーションごとにシナリオを分けて運用する

SECTION

6-04 効果的なメールマガジンとは？

UTAGE

初回オファーキャンペーンが終わったら、定期的にメールマガジンを配信し、あなたのことを思い出すキッカケを作ります

エンゲージメントを長期的に維持・より向上させる

アカウント設計に基づき、1つ1つのメッセージ配信に目的（ゴール）を設定してください。平常時は「エンゲージメント向上」で、それ以外は「オファーして反応を取る」キャンペーンの2種類です。

平常時は、有益な情報提供の他に、ご自身の弱みや偏愛など自己開示をします。これは、発信者であるあなたの信念・価値観の教育をすることを意味します。発信を続けることで、知らない・関係ない人だったのが、回数を重ねることで受信側の身体感覚として「まあまあ知っている人」に変化していきます。人は、まったく知らないものは欲しくないものですが、知れば知るほど興味がわいて欲しくなるものです。こうして、信用や信頼の壁を超えてもらいます。

開封率やクリック率が低くても、まだ受信してもらえているということは、繋がりを保持しておきたいという見込み客からのメッセージだと前向きにとらえましょう。

顧客・見込み客とのエンゲージメントを高める、維持するための一番のコツは「楽しんでもらうこと」を意図することです。そうすると発信者自身も楽しく、ごきげんに毎日を過ごしているという前提を持てるので、人生においてもいいことづくめです。

メルマガは受信箱に残るのが強み

LINEで送ったメッセージはスマホの機種変更などのタイミングでこれまでに受信したメッセージが消えてしまうことが多いです。いわば、街頭で手渡されるチラシのように、すぐに捨てられてしまうような軽いものだと思ってください。注意喚起さえできれば、最低限の役割は果たしたと考えると良いです。

ですが、メールは受信箱からご自身で消さないうちはそのまま手元に置いておいてもらえます。**手元に保管して置けるという点で価値を感じやすい**のです。これまで、LINEしか使っていない人は相手の受信箱（と心）に信用・信頼の貯金をしていると考えてメルマガ配信してみましょう。

読まない、信じない、行動しない

よく言われることですが、どれだけあなたが言葉を尽くしても、見込み客は文字を読みませんし、書いてあることをすぐには信じません。ですが、多くの販売者は、「オプトインしてくれたんだから進んで自ら行動してくれるだろう」と過大な期待をしていることが多いです。

自分自身も、誰かの企画やキャンペーンにオプトインして参加したからといって、その通りに動くことはほとんどないのにもかかわらず、自分の見込み客だけは違うと甘い見積もりをしています。

ですので、読まれない・信じてもらえない・行動しないことを前提として、メッセージの文章を書くようにしてください。

精読率が高くなるメールのライティングテクニック

●見込み客視点で書く

多くの発信者は、ひとりよがりな発信をしてしまっていることに気づいていません。SNS投稿をすべて見ていてくれているかのような書き方をしたり、話の前提や用語のすり合わせが足りないままに「して欲しいことだけ」を送っているケースもよく見ます。見込み客視点は、訓練すれば身につくようになりますので、はじめのうちは、仲間内で確認してもらうなどして、第三者視点で見た時に、販売者都合の押し売りになっていないかどうかや、言葉の違和感がないかどうか、前提確認のモレカケがないかをよくよく確認するようにしてください。

また、抽象的な表現ではなく、具体的表現を心がけましょう。数字でのエビデンスを含めるようにすると、説得力が増します。

●たった一人に向けて書く

1通のメールで100人が反応する名文コピーは、誰にだって書けません。それならたった一人がつい行動してしまうメールを100種類書いて、送ればいいのです。つまりは、意図した購買行動をしてもらえるまで手をかえ品をかえ、表現を変えてメッセージを送り続けるということです。メールなら、配信コストがかからないのでやらない手はありません。

ここで大事なのは、「30代シングルマザー」のようなデモグラフィック（年齢・性別・所在地・結婚歴・子どもなど）要素だけのターゲット設定では、たった一人とは言えないということです。サイコグラフィック（心理的な）要素も入れて、例えば「元旦那や実家の支援が受けられず、孤立奮闘している」「子どもには数多くの体験をさせてあげたい」「起業を目指している」など、思いや今感じている感情・手に入れたい未来も含めて、さらにTPOまで絞り込んで表現することで、「たった一人」にあなたのメッセージが刺さります。

ところが不思議なことに、たった一人にさえ刺されば、10人100人にも同時に刺さります。100人を動かす偉大な名文コピーを書こうとせずに、たった一人の心が動いてしまうようなメッセージを書くことを心がけましょう。

●見やすさの向上

メールの場合、文章が2〜3行続いたら改行し、空白行をいれるなどして、目線のガイドラインを作りましょう。メールソフトによって、改行される文字数が違うのですが1行につき全角20〜30文字以内で、言葉の切りがいいところで、改行するのがおすすめです。

●1通あたりの文字数目安

基本的には、できるだけ短くすることで要点がわかりやすくなって、伝えたいことが伝わりやすくなります。オファーをする時など、どうしても伝えなければならないときは、伝わるまで言葉を重ねたほうが良いですから、メールの場合は文字数は制限なく書いても大丈夫です。

一方で通常メルマガの配信の場合は、400〜1000文字くらいを目安にしましょう。さらりと数分で読める程度の方が、発信側も受信側もハッピーです。質・量が重たいものを送り続けると、後で読もうという「先送りする理由」を与えてしまいますし、発信にかかる労力が大きくて、続けられなくなってしまいます。

●追伸の威力

オフィシャルな発信をしている場合は、本文のあとの追伸欄でプライベートなことを書くと人柄が伝わります。ここだけを楽しみに本文を読み飛ばしてくれるファンも現れるほどです。

また、販促キャンペーン中の場合は、前回のプロモーションメールを追伸欄に全文再掲するのも有効な手段です。

●署名欄の活用

常設（エバーグリーン）でやっているキャンペーンがあれば、メールフッターに入れて控えめにアピールするようにしましょう。最大3つにしてください。単に、告知が行き届いていなくて知らないだけの人も多いです。

●1メッセージ、1オファーの原則を守る

1メッセージにあれもこれも詰め込むと、伝えたいことも伝わりません。良かれと思ってあれこれと参照先ページのURLリンクを掲載すると、それだけ、クリック数が分散し、迷惑メール判定される確率も上がってしまいます。

メールの場合は、送った1メッセージが「1つのLPそのもの」だと考えてください。キャッチコピーなどヘッダーコピーがあり、ついつい読み進めていると最後のオファーのところに到達するイメージです。メールは長文を送っても大丈夫ですので、参照リンクで外部ページを見させるよりも、同じ内容をメール内に再掲してできるだけメール内で完結するようにして、メールから離脱するときは「URLをクリックする」かまたは「立ち去る時だけ」にしたほうが成果が出やすいです。

●SNS投稿を見てほしいときは

メールやLINEからはSNS投稿にはできるだけアクセスさせず、**情報提供はメール内で完結させるように**してください。具体的には、SNSに投稿した画像、動画、テキストの全文をメルマガに貼り付けて送ります。引用元として、リンクを貼っておきましょう。

理由のひとつは、リンククリックして参照先を見てもらうという、「読者に一手間をかけさせた」時に、すでにメール開封してくれているのにも関わらず、次ページの案内リンクしかない状態なので、せっかくのあなたの情報提供が目に入る機会をみすみす失っているからです。

メルマガを定期配信していると、どれだけ読者のクリック動作が貴重なものなのかを数字で把握し、実感しているはずです。読者がメー

ルを開封したらすべて見られる状態にしておきましょう。

SNS投稿のインプレッション数をあげたくてメール・LINEでわざわざ連絡しているなら、やめることをおすすめします。SNS無料集客の場合は、おそらくすでにSNSアカウントをフォローされていて、SNS上でのエンゲージメントが高い方ならすでにその投稿を見ている可能性が高いので、単に無用な連絡だからです。

せっかく、セールスファネルの深層まで順調に進んできてくれているのに、あえてファネル上層にあるSNSにフロー位置を戻して、SNSタイムラインに出てくる「より魅力的かもしれない」他社サービスが目に入る機会を与えてはいけません。

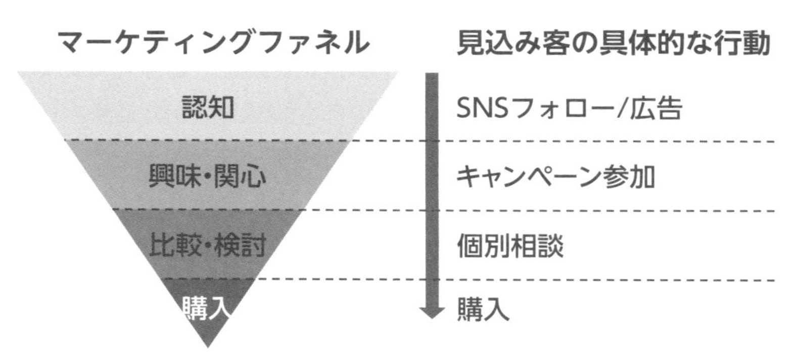

他のSNS投稿が目に入ることであなたへの興味関心が薄れ、乗り換え需要を喚起してしまう可能性がある

なお、YouTube動画は公開後時間が経ってもいつでも見ていただいて良いと思うのですがそれ以外のSNSは投稿の新鮮さが命ですので、ステップ配信に組み込んでSNS投稿を見てもらおうとするのはやめたほうがよいでしょう。SNS投稿と同じような内容をメルマガ本文に記載して送ればよいだけのことです。

●相手が好む文章のスタイルで書く

ライティングに慣れた中・上級者向けのアドバイスにはなりますが、

人にはそれぞれ得意とするコミュニケーションスタイルがあります。ソーシャルスタイルと呼ばれ、4分類あります。

Driving （ドライビング）	行動型	主に効率性や目標達成を重視するタイプ。 停滞や他人任せにする言葉が苦手。 スピード感や結果を意識した言葉が好まれる。
Expressive （エクスプレッシブ）	表現型	主に創造性や自己表現、夢や可能性を重視するタイプ。 自由を制限するような言葉が苦手。 自由やアイデアを尊重する言葉が響く。
Amiable （エミアブル）	友好型	主に人間関係や調和・協調性を重視するタイプ。 冷たく感じられる言葉が苦手。 思いやりや安心感を感じられる言葉が効果的。
Analytical （アナリティカル）	分析型	主に論理性や正確性、計画性を重視するタイプ。 感情的なアプローチや曖昧さが苦手。 慎重で緻密な判断をサポートする言葉が響く。

人は、意識しないと、自分自身のコミュニケーションスタイルをそのまま反映したライティングをしてしまいます。ですので、意識して別のスタイルで記述してみると、自分とは違う別のスタイルの人にとって魅力的な文章になります。

最適な配信間隔は？

日刊でもよいですし、週刊でもよいです。習慣づけるためにも、曜日と時間を決めておくのが良いでしょう。これは発信者と受信側双方に良い効果をもたらします。

これまでにも何度もメルマガの定期発信にチャレンジしようとしてなかなか続かない方もおられると思いますが、こちらから定期的に連絡しないことで「去る者は日々に疎し」の状態を自分で作ってしまっていることを強く意識してください。

SNS集客している場合、投稿表示のアルゴリズムによって、SNS上の関わりがなくなればすぐにタイムラインにあなたの投稿は表示されなくなってしまい、見込み客の目に入らなくなります。ですので、割と頻繁にSNS投稿をやっているから関係性は大丈夫などと慢心してはいけません。

ビジネスがうまくいかなくなる大きな理由は、新規集客ばかりに気を取られて既存顧客をないがしろにしたからです。定期連絡をしないことで接点を失うと、かつての見込み客・顧客にあなたの存在を忘れ去られてしまいます。

いつ、買う気になるのかわからないフォロワー向けにSNS発信をしているくらいなら、メルマガ読者向けに送った方が、受信箱に貯まるという目に見える形で「信用・信頼」を積み上げていくことができます。

なお、公式メルマガという建付けであれば、運用代行が可能ですので、あなたのビジネススタイルによって、自分で書くのか、外注するのか、生成AIで手間を省いてみるのか、ご自身のライフスタイルとフィットする方法を模索してください。

不定期すぎる「きまぐれ」メルマガは、迷惑メールと判定されやすいです。少なくとも1ヶ月に1回、できれば2週間に1度、最低でも月1回はメルマガ配信するようにして、迷惑メール判定される率を下げましょう。

●一定期間、読んでいない人には送らない

UTAGEでは開封履歴やクリック履歴が自動で残っています。いくらメールを送っても反応がない場合は、もうメールを送るのはやめるようにしましょう。これは、メルマガ全体の到達率をあげるためのひとつの方法です。

日刊／週刊で配信するのに使うシナリオ「全体まとめメルマガ」の

詳細画面を開きます。

新規メッセージの絞込条件：「配信」「次の期間クリック・開封している」「90」日間

メールの開封履歴は受信側の設定によって正確に計測できないこともあり、開封履歴が残っていなくてもクリック履歴があればメールを見ていると判断できますので、この条件にします。

読者がメルマガが届いていないということに気づいて、過去メールのいずれかのリンクをクリックしてくれたら、次からの配信対象となります。

見込み客の興味関心はミズモノです。気分やその時々の人生の優先度によって、あなたの発信が見向きもされないこともあります。それでもコツコツと送り続け、相手の記憶の中にあなたの存在を浸透させていきましょう。

販促プロモーション時はシナリオを分ける

よくあるメルマガ運用の失敗事例なのですが、全体まとめメルマガの読者全員に対してキャンペーンメッセージを何度も・何度も、最後まで全部送る方がいます。これをしていると、すぐにリストは枯れてしまい、興味関心は失われ、反応がなかったり解除されないまでもメッセージが開封されない事態に陥ります。

リアルタイムで販促キャンペーンをやる時は必ず、事前に何通か、ティーザー（焦らし）メッセージを送るようにしてください。日々のメルマガ配信の中で、ちょっとずつ情報を小出しにしたり、追伸にじわじわと書いておくということです。伏線を張っておくとも言います。

その上で、キャンペーン企画への参加（別シナリオへの登録）を促すことを主題としたメッセージを送ります。以後は、キャンペーンに参加いただいた方にのみ、販促メッセージを送るようにしてください。

イメージとしては、全体まとめメルマガに1000人の読者がいたとして、販促キャンペーンに参加（別シナリオにオプトイン）したのが100人であっても、それで良いですし、それこそが最上の方法なのです。こうした、キャンペーン毎に「リストの切り分け」をして運用管理することで、全体まとめメルマガの価値がどんどん向上していく状態を作れます。

●プロモーション時は、言葉を変えて3回は連絡する

昔は、まったく同じ文章を、メール件名だけ「再送」「再再送」として、リマインド代わりに送る手法が流行っていました。たまたま、同じ時間帯に他のメッセージも多く受信していて埋もれてしまい目に入らなかったとか、タイミングが悪いこともあるので同じことを伝えるのに最低でも3回は送りましょう。

先に解説したソーシャルスタイル別に表現を変えて「同じこと」を送ると、バリエーションがつくので、（またこの話か・・・）というマンネリを感じさせずに済みます。多くの読者は毎回のメールを精読するわけではありませんので、何度送っても大丈夫です。

ちなみに、メール件名を「Re:」にして、さも返信があったかのように見せかけて送るという手法もあったのですが、効果がありすぎるのかスパムメール判定されやすいですのでご注意ください。

SECTION

6-05 LINE運用のコツを知ろう

UTAGE

LINEならではの使い方をマスターして、見込み客の反応を上げていきましょう。

「ここぞ！」で送る

LINEは媒体特性として、メッセージ配信の回数が多くなるほど、開封率が下がり、反応率が下がります。このため、SNS投稿やメルマガの代わりに毎日のように見込み客にとって「どうでもいい」配信をすると、開封率が落ち、反応が取れなくなります。ですので、LINE配信は「ここぞ」のときだけにしてください。

たとえば、「1時間後にライブ開始です」など、即時連絡したいときにだけ使うのがよい使い方です。

このほか、大型キャンペーンの前にティーザー（焦らし）でいくつかメッセージを送り、その一環でボタンアンケートなどで反応をとっておいてから、実際の告知開始をはじめるのも有効です。いきなり「キャンペーンはじまりました」の告知メッセージを送っても、見込み客側の心の受け入れ準備が整っておらず、スルーされるだけだからです。

反応率を上げるLINEテクニック

●見やすさの向上

LINEの場合は、受信側のスマホ端末の設定によって折り返しの文字数がまるで違うので気をつけてください。端末によって表示領域が違い正確な数字ではありませんが、デフォルトは約15文字です。また、老眼対策で文字を大きく表示している場合は、たった8文字や9文字で折り返し表示されているケースもあります。ですので、LINEメッセージについては、文章が2・3行くらいのだいたいのところで、空白行を入れたり、話のキリが良いところであえて吹き出しを分けるなどして、視覚的に読みやすくなっているかどうかを優先してください。

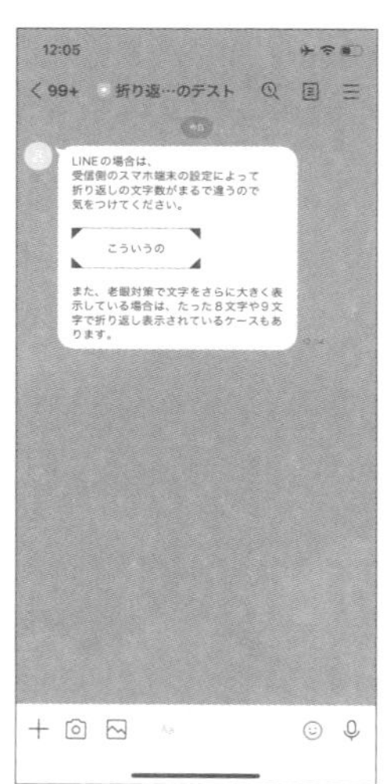

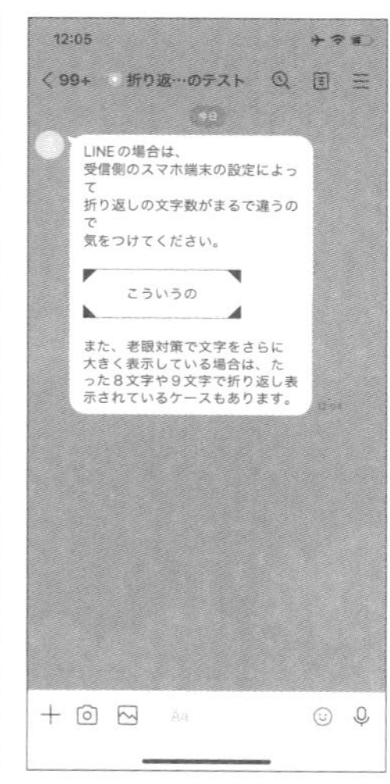

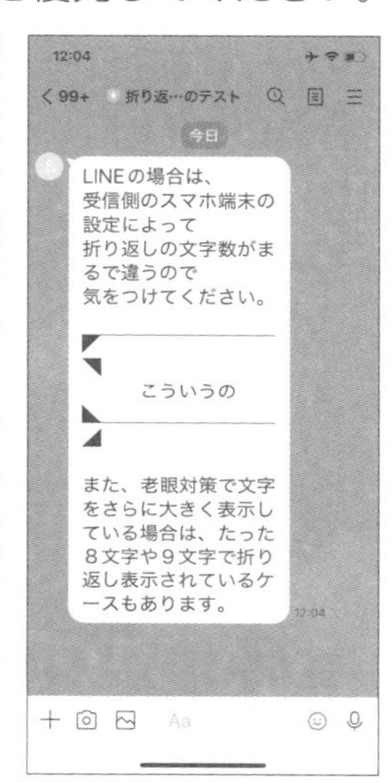

端末設定による見え方の違い

1通あたりの文字数目安

LINEの場合は、元々が短文のチャットツールであることを踏まえ、スマホで見た時に上下にスクロールせずに見える範囲の量にとどめましょう。あくまでも、**スマホ通知による強烈なアテンションを与えるために利用する**ので、LINEのテキストメッセージそのもので“教育”することはできません。情報コンテンツをLINEでお届けしたい場合は、音声や動画にしたり、別ページに用意して、コンテンツに移動するための「URLを連絡する」ようにしてください。

URLで別ページに誘導するときの事例

ちなみに、LINEでURLを送ったときに吹き出しの下に出てしまう飛び先のURLのサムネイルと内容（URLプレビュー）は、受信側のスマホ端末での設定次第です。発信者側で表示オン・オフの制御をすることはできません。表示されてしまうサムネイル画像を変えたい場合は、飛び先のページでのOGP設定を変更します。また、短縮URLの場合はプレビューが表示されないことがあります。

OGP確認
https://rakko.tools/tools/9/

●文章が長くなってしまって全文が見れない場合

本文テキストの最後にURLを配置し、スクロールしなくても見れる範囲内に見えるようにしてください。長文テキストの間にURLを入れても、クリックされづらいです。

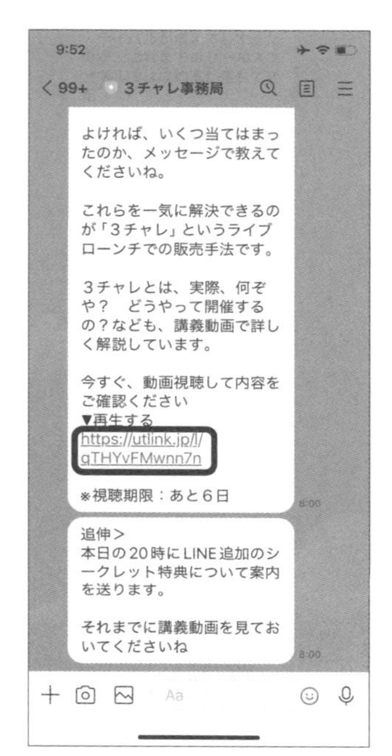

UTAGEでは最後の吹き出しの左下にフォーカスがあたる

●メッセージで送ったURLが自動的にhttps://utlink.jpになる

UTAGEから配信したメッセージに含まれるURLは効果測定やクリックカウントのために、ほとんどがシステムの短縮URLに変換されます。LINE配信に関しては、このドメインは利用者側で変更ができず、全ユーザーで共通となります。

また、このせいで、リンク先がYouTubeなのかXなのか、インスタなのか、GoogleMapなのかが一目で分かりづらくなってしまうので、補足情報をリンクの前後に入れておくと安心してタップしていただけるようになります。

配信メッセージ

カスタム送信者　利用しない（デフォルト送信者で送信）

メッセージ1

テキスト　画像　ボタン　カルーセル　音声　動画　スタンプ

本文 必須

このあと20時からインスタライブです！

・3チャレってなぁに？どんなことするの？
・やったらどうなる？
・やってみた人の事例紹介

▼インスタプロフへGO
https://www.instagram.com/kinjoyuki.producer/?openExternalBrowser=1

ⓘ 置き換え文字

＋追加　削除

送信のタイミング 必須　◉ 今すぐ　○ 送信日時を指定

送信後に実行するアクション　実行しない

リンクを開いた際に実行するアクション　https://www.instagram.com/kinjoyuki.producer/?openEx　実行しない

テスト送信　テスト送信先アカウントを選択してください　送信

ステータス　稼働中

保存

インスタライブへの直前誘導の事例

●URLがそのままで相手に届くケース

https://utlink.jpにならずに、そのまま平文で届けることもできます。

①LINE自動応答の「LINEメッセージ送信」
②ボタンタップで「LINEメッセージ送信」
③アクション設定で「LINEメッセージ送信」
④LINEチャット(1to1トーク)画面からのメッセージ送信

ただ、https://utlink.jpになっていないことで、開封やクリック計測もできません。

●1メッセージ、1オファーの原則を守る

LINEの場合は、特に1回のメッセージで送るURLは1つだけにしておきましょう。吹き出しごとにリンクが掲載してあるとか、カルーセルで横にたくさんパネルが並んでいる状態はあまり好ましくありません。選択肢が多すぎて、読者がどれを押したらいいのかわからなくなり、結果どれもタップしないことになるからです。多くのものを送りたい場合は、日を置いて何通かに分割して送りましょう。

とにかく次の動作がわかりやすいようにたった1つに絞り込んでピンポイントに訴求することがLINEで高い反応をとるコツです。

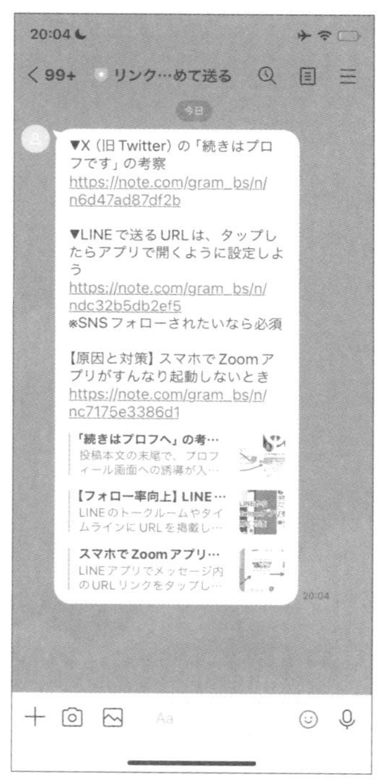

URLが多いと、どれをタップしてよいのかわからなくなる

●見た目を変えてクリック率を上げる

URLをそのまま掲載してhttps://utlink.jpの青いリンクのままで送るのも良いのですが、ボタンっぽい画像にしてみたり、ボタンアンケー

トタイプにしたり、チラシのようなバナー画像にしてみたり、見た目でも変化をつけることで、飛び先が違うのかと誤認してタップされやすくなります。

同じURLを何度もお伝えする場合は、見た目を変えてURLを送ることもお試しください。

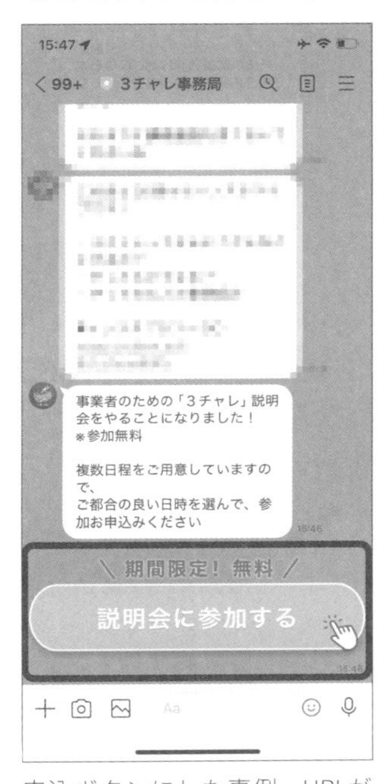

申込ボタンにした事例。URLがメッセージ本文に入っていないため開封計測はできない

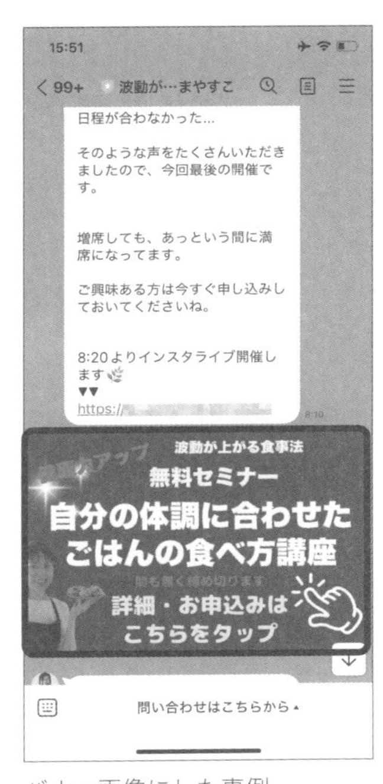

バナー画像にした事例

●ボタンで日程を選んでもらう

フロントセミナー申込を訴求するときのボタンでの表現事例です。セミナー申込ページにアクセスしたら、また日程を選ばないといけないのですが、事前のLINE上で日程と時間が先に確認できるため、申込率がアップする優れた方法です。期間限定のリアルタイムキャンペーンの時に有効です。

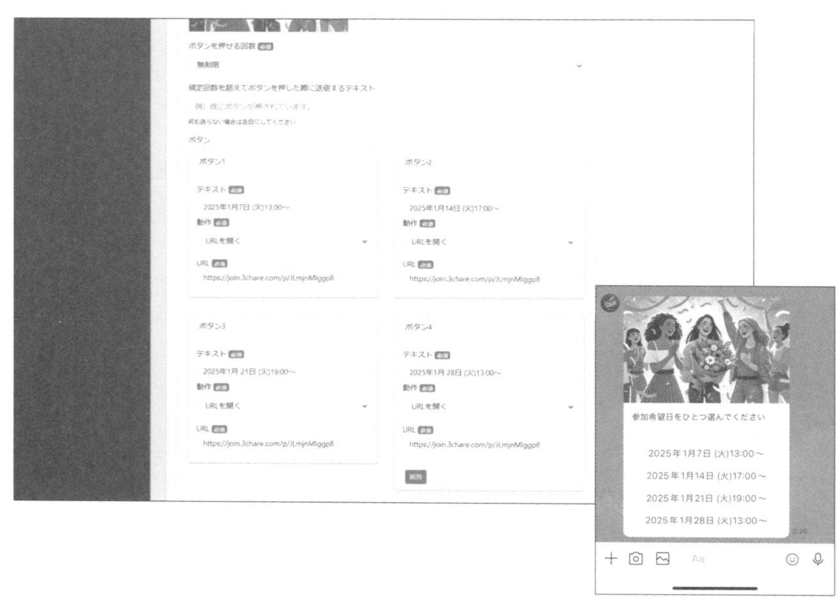

最大４選択肢を出せる。もっと日程があるなら横にパネルを並べた「カルーセル」タイプでも良い

オートウェビナーの場合は、選択肢のテキストが「今日」「明日」「3日後」という表現になり日付がわかりにくいので見込み客にスルーされがちです。

●リンク先を専用アプリで開くようにする

YouTubeやX、インスタ／Threads、Zoomなど、専用アプリでリンク先を見てほしい時には、お送りするURLの末尾を編集して「おまじない」をかけましょう。なお、このおまじないは、読者がiPhone端末を利用している場合に有効です。Android端末の場合は、おまじないをかけなくても目的のアプリで開きます。

URLの後ろに「?openExternalBrowser=1」という文字列をつけておくことを、おまじないと呼んでいます。

URLに含まれる「？」は１つだけの原則がありますので、すでにURLに「？」がついている場合は、「&」にします。URLはすべて半角英数字で指定しますので、全角にしないようご注意ください。

【URL改変事例】

https://www.instagram.com/【ユーザーネーム】/**?openExternalBrowser=1**

https://www.threads.net/@【ユーザーネーム】**?openExternalBrowser=1**

https://x.com/【ユーザー名】**?openExternalBrowser=1**

https://www.youtube.com/watch?v=[ユニークID]**&openExternalBrowser=1**

https://youtu.be/[ユニークID]**?openExternalBrowser=1**

https://us99web.zoom.us/j/[ユニークID]**?openExternalBrowser=1**

https://us99web.zoom.us/j/[ユニークID]?pwd=[ユニークID]**&openExternalBrowser=1**

https://ameblo.jp/【アメーバID】/**?openExternalBrowser=1**

https://note.com/【noteID】/n/[ユニークID]**?openExternalBrowser=1**

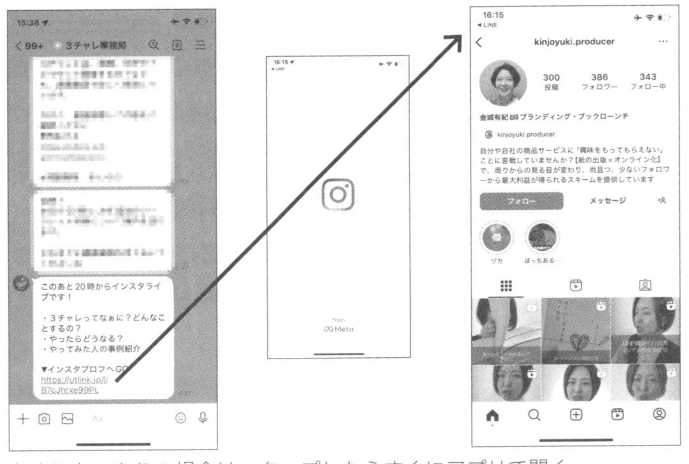

おまじないありの場合は、タップしたらすぐにアプリで開く

ログインしていない状態でSNSが表示され、動作が１タップ増える

このおまじないは、HTMLでいうところの「<ahref="URL"target="_blank"></a>」と同等の働きをします。iPhone端末のLINEアプリはリンク先を基本的に内部ブラウザで開くため、ログインしていない状態でSNSが表示されます。このことで、すんなりフォローができなかったり、ログイン後でしか使えない機能（いいね、コメント、保存、RTなど）を使うことができません。インスタはアプリが開くようになっていますが、他のSNSアプリでは対応していないケースもありますので、見込み客がSNSで何かをするためにいちいちログインし直さなければいけないストレスを取り除くために、ぜひ、おまじないをかけてください。

日本ではスマホの6割がiPhoneといわれており、おまじないをつけておかないとあなたの読者の半分以上の人がすんなりとSNSにアクセスできない状況になっていると考えてください。これを使いこなすことができるようになればLINE使いこなしの中級者です。

●画像でのリンク先誘導

あえてのスマホ画面いっぱいに、フライヤーを表示させるのも良い方法です。吹き出しテキストではなく画像にすることで、文字サイズや色を自由にできるので、訴求力が上がります。LINEから送る画像にリンクを設定することで、スマホの横幅いっぱいに画像が表示されるようになりますので、ぜひ、リンク先を設定してください。

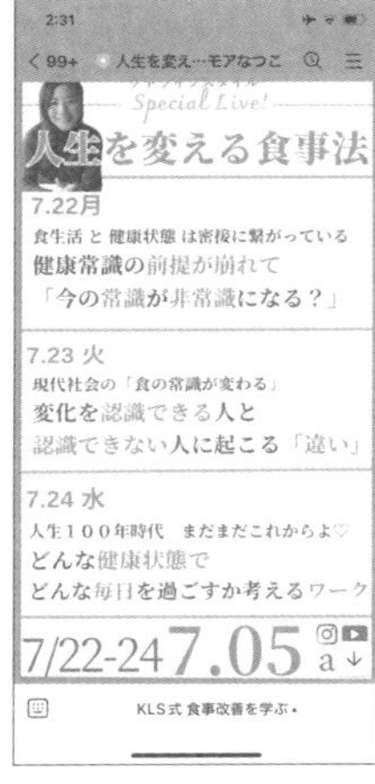

対応ファイル形式：jpg／png／jpeg
ファイルサイズ：1MB

画像サイズは幅1040px×高さ1300pxがおすすめ

また、UTAGEには、送った画像のタップ領域ごとに飛び先を変えられる機能もあります。今は、決まった領域でしか指定できませんが、表現の幅が広がります。

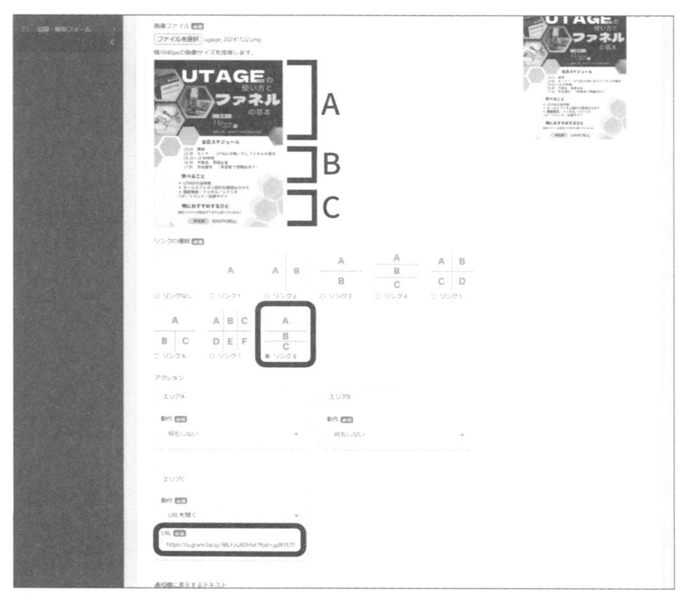

真四角がおすすめですが、横長画像でもなんとなくの比率で設定できる

なお、エリアで「動作：何もしない」を選んでおけば、単なる画像表示だけになります。

リンク8タイプで、エリアABは何もしないにしておき、エリアCあたりにボタン画像を配置しておくと、画像1枚ペラのミニLPのように見せることもできますので、ぜひ、ご利用ください。

●動画を添付してそのまま送る

動画を掲載したページへのリンクを掲載するよりも、動画を添付する形でお送りした方が実際の視聴がされやすいです。

LINE上で画面が動くので気になってしまいポチッと再生開始してしまう

縦型（ショート動画）もおすすめです。縦に表示領域を使うため、訴求力がさらに高まります。また、縦型であることで「短い」ということを暗示しているので、再生開始しやすくもなります。

動画と同じ比率で作ったサムネイル画像を＜必ず＞設定しましょう。

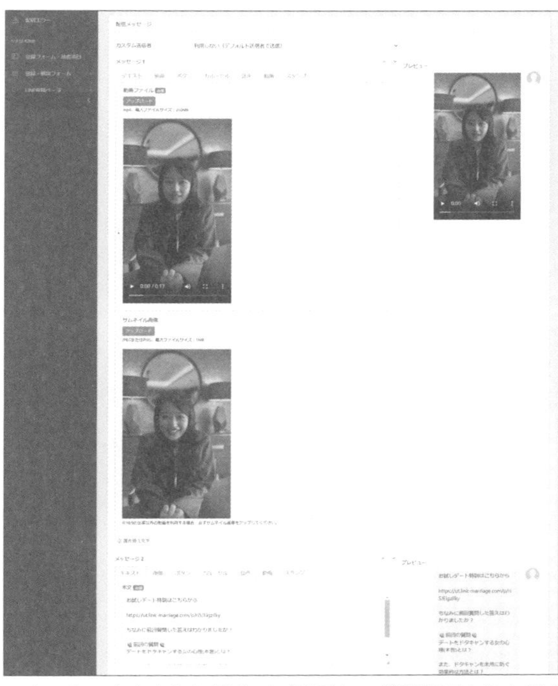

テキストの吹き出しと横サイズは同じ。横型動画よりも訴求面積が大きい

●読者からいただいたメッセージはすぐに既読表示になる

プライベートのLINEであれば、送った相手が未読／既読だというステータスがわかるのですが、LINE公式アカウントをご利用の場合は、お送りいただくとすぐに既読表示になります。

販売者側から何かアクションするまで未読状態にしたいとご相談いただくことがあるのですが、システム仕様ですので、あきらめてください。

LINEでエンゲージメントを高める方法

キャンペーンにオプトインしてもらっただけでは、エンゲージメントはほぼないと考えましょう。キャンペーンに1度参加したくらいでは、心を寄せる「信頼」にはほど遠い状態だと想定して、LINEならではのコミュニケーションをとり、心の距離を縮めていきます。

例えばですが、何かしらのお問い合わせがあった時に、テキスト返信をするのもよいのですが、長文のメッセージで返信するのではなく、音声で回答するのもエンゲージメントが高まるのでおすすめです。個別対応ほど特別感があってうれしいものはありません。「忙しい人ブランディング」をしている人ほどやってみる価値があります。

UTAGE管理画面の個別チャットから送ることができる

これ以外にも、日頃から、ボタンタップなどでかんたんに答えられるアンケートを送り、「タップしたらいいことがある」という"教育"をしていくのも良い方法です。

●ボタンアンケートの実施

タップするだけのかんたんなアンケートをこまめに実施して、LINE公式アカウントを「操作して、関わる」ということを行動教育していきます。ちょっとした行動の見返りとして、タップしたらすぐにもらえる、小さなプレゼントを用意しておくと反応してくれやすいです。

なお、私の考えとしては、年代、性別、お住まいの都道府県などの属性データはわざわざLINEで取らなくてよいと考えています。実際に個別相談にくる属性は、実際にZoomをやればわかることなので、もっと、**興味・関心に基づいたものや、趣味・嗜好・偏愛を教えてもらうアンケートにしたほうが、関わりを作る上で有効だから**です。

人は、あなたのことが知りたいと自分自身に興味関心を寄せてくれる人を好きになる傾向があります。ですので、ちょっと賛否両論の投げかけをして、「あなたならどっち？／どれが好き？」を聞いてあげたほうがエンゲージメント向上に役立ちます。

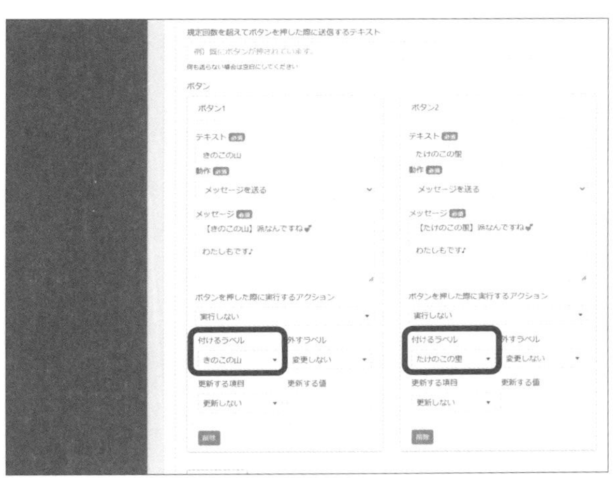

回答により違うラベルを付けて、自動返信している

ボタンの基本動作は3種類から選べます。

かんたんなメッセージだけなら「メッセージを送信」で十分です。ラベルを付けたりシナリオ移動したりしたい場合は「アクションを実行」にします。複数の吹き出しを一気に送りたい場合は「テンプレートを送信」を使います。

残念なことに、「メッセージを送信」ではメッセージ本文にURLが入っていても、クリック率の計測ができません。このため、特典の送付などで自動応答でもクリック履歴を取りたい場合は、「テンプレートを送信」にするか、または「アクションを実行」を選んで別シナリオに登録し、登録直後メッセージで特典の閲覧URLを送るようにしてください。

とても重要なことなのですが、メッセージでボタンを送ったあとに、UTAGE管理画面上で送ったボタンの設定を変更しても、読者のスマホに届いたボタンの設定を管理画面から操作して変えることはできません。

●ボタンアンケートに終了期限を設ける方法

送ってしまったらあとから設定変更ができないボタンアンケートは、そもそもが動作期限を設定することができません。過去に送ったアンケートをあとから答えられても困る時の設定方法です。

さきほどの設定を変更し、タップしたときの動作を「LINE友だち側からメッセージを送信」にしておき、自動応答機能でキーワードをキャッチして、システムで返信するように設定してください。終了期限が来たら、手作業でLINE自動応答の設定を変更し、「終了しました」のメッセージに変更します。

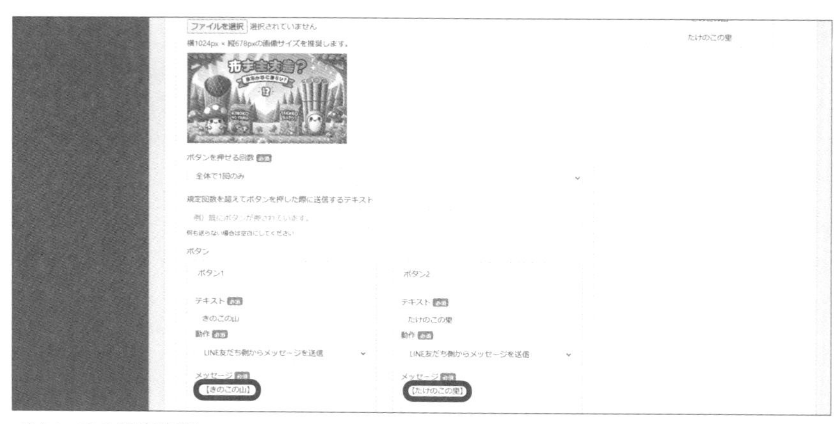

ボタンでの設定事例

ボタンでの回答それぞれに使うアクションを作成する

続いて、キーワードでの自動応答の設定をします。左メニュー「LINE：LINE自動応答」＞緑「追加」ボタンを押します。

今回は、読者にテキスト入力してもらうわけではなくボタンタップで指定のキーワードがトークルームに投下されるので、「完全一致」を選び、キーワードはボタンに設定しておいたメッセージと同じものを設定します。

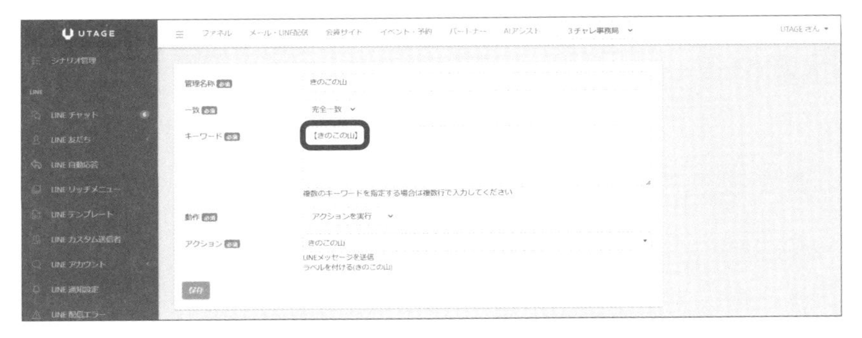

アクション自動返信する内容を入力し、緑「保存」ボタンを押す

たとえば、ボタンアンケートへの回答は1週間以内など期限を決めていた場合は、1週間が経過したときに、LINE自動応答のキーワード「きのこの山」「たけのこの里」のそれぞれを、「動作：メッセージを送信」に変更してください。

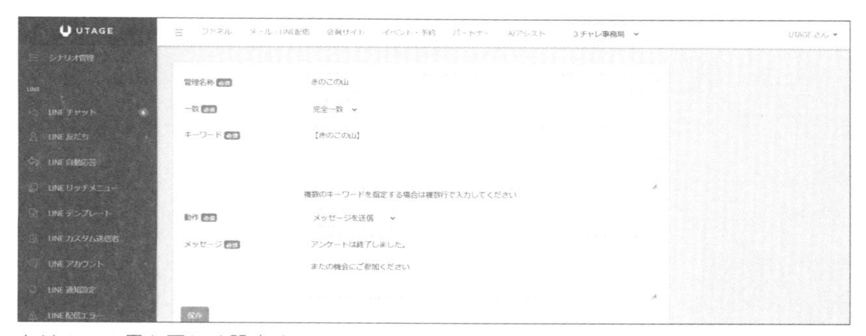

たけのこの里も同じく設定する

カスタム送信者の設定

個別LINEチャットすることがエンゲージメント向上にとても役立つのでぜひやっていただきたいのですが、あなたの代わりに他の担当者名で送ることもできます。たとえば、日常発信は個人名で送るけれど、事務局からの告知・連絡メッセージの場合は、事務局アカウントから送信しているように見せることができます。

上部メニュー【メール・LINE配信】＞配信アカウント選択＞左メニュー「LINEカスタム送信者」＞緑「追加」ボタンを押してください。

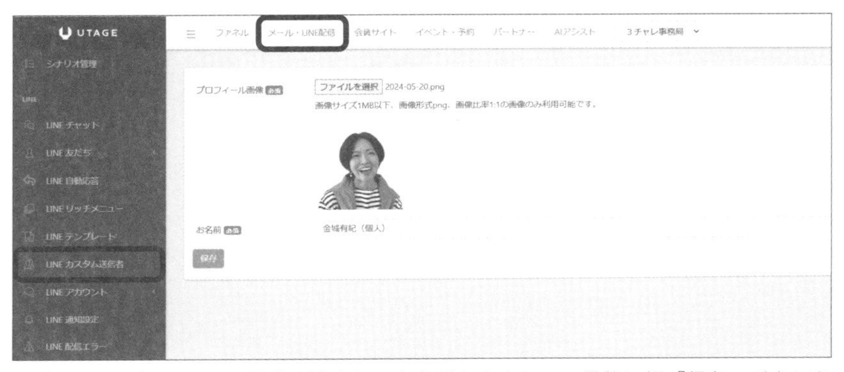

PC内にあるプロフィール画像を設定し、お名前を入力して、最後に緑「保存」ボタンを押す

プロフィール画像は、設定時に表示領域を選べないのであらかじめ真四角のものを準備しておいてください。

●個別チャットのときに担当者を切り替える

メッセージ入力欄の上にあるアイコンをクリックして切替可能

●一斉送信やステップ配信、リマインド配信のときも別担当者からの送信ができる

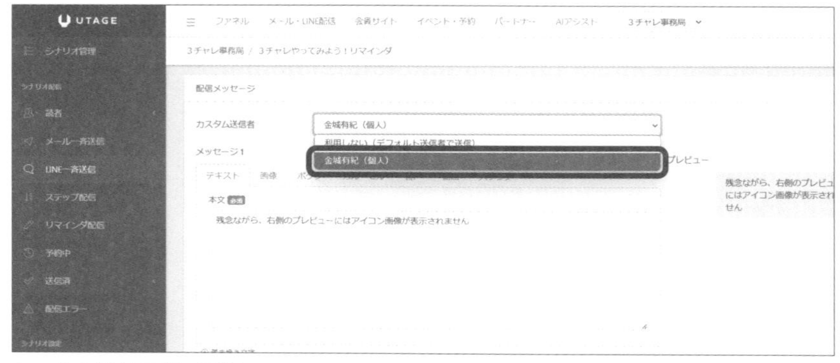

カスタム送信者欄で選択

LINEアプリで見たときの表示事例

SECTION

6-06 UTAGE

メール配信とLINE配信のバランスについて

メルマガとLINEを両方使う場合に、大切な考え方と最適な運用方法をお伝えします。それぞれの特性を活かしながら、効果的に使っていきましょう。

プッシュ媒体の主従

メルマガは配信部数が多くなるほどに、メルマガ読者全体に届くまでにタイムラグが発生するようになります。たとえば、購読者数1万人の場合は、20分～2時間ほどかけて、じっくりと配信対象者に向けてメール配信される仕組みになっています。これは、一気にドカン！と大量にメールを送ると、スパム判定されやすいので、メルマガ配信スタンド側で配信間隔のゆらぎを設定しているからです。

このため、メルマガ送信対象リストの最初のほうの人と、最後のほうの人では、情報受け取りに時間差が発生します。例えば、ある日の20時にオープンカートして「20時から、購入受付開始します！」と連絡がしたくても、メール送信ではピッタリの時間にお相手の受信箱には届きません。だからこそ、早めに、購入ボタンが表示されていない状態の販売ページのURLを連絡しておき、LPの表示期限設定を使って、販売開始時間になってページを再読み込みしたら申込ボタンが表示されるという運用がされるようになっています。

その点、LINEメッセージはほぼ遅延なく、時間通りにメッセージが届きます。ここで、LINEメッセージを受信したら、どれくらいの時間内にメッセージを見るかについてのユーザーアンケート結果もご覧ください。

引用：https://www.lycbiz.com/jp/column/line-official-account/technique/20180426-02/

実際に、LINE公式アカウントから一斉配信してみるとわかるのですが、送ってすぐに開封がはじまり、24時間も経てばあとは開封率はほとんど変わらずそのままで推移することが多いです。

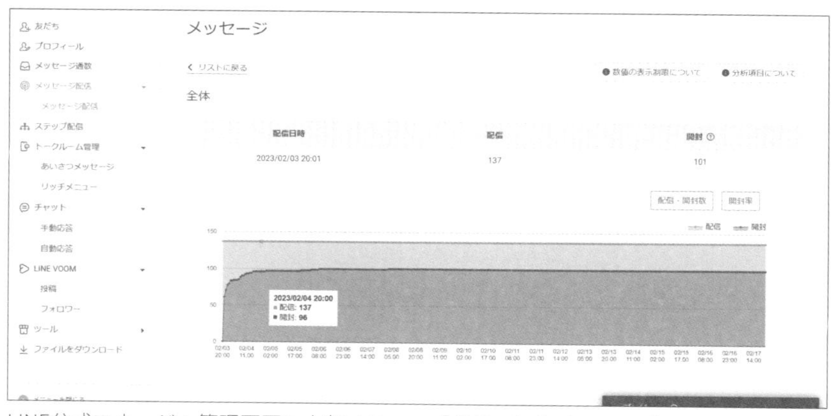

LINE公式マネージャ管理画面＞上部メニュー「分析」＞左メニュー「メッセージ配信」＞「メッセージ配信」画面＞一覧から直近のメッセージをクリックして詳細画面

このことから、緊急性や即時性が求められるメッセージのときはLINEを使った方が有効です。重要度が高い順に、Zoomセミナーの開始時、インスタライブ／YouTubeライブ／TikTokライブの開始時、そして、緊急で今すぐ全員に連絡しなければならないことが起きたとき、です。たとえば、メインでやっていたSNSアカウントが垢BANになったときは緊急事態です。

LINEはメールの開封率を上げるために使う

メールの場合、メールソフトの自動振り分け機能によって、まったく受信箱に表示されずに目に入ってない状態にしている人もいます。このため、見込み客にとって重要度が高いとか、かなりお役立ちで見なきゃ損と思えるくらいの内容をメールで送ったときに、「今日のメルマガは我ながら会心の出来で、絶対に見てほしいです。受信箱をご確認くださいね」など、メール開封のためのアテンション（注意喚起）のために使ってください。

LINEは、無用な連絡をしない・・・つまり、読者にとって有益な情報提供のときだけ連絡したほうが、開封率も維持できますし、ブロック率も低いまま維持できます。

LINEにはメールとまったく同じ文面は送らない

メルマガ代わりにLINEでも長文メッセージを送る人がいるのですが、これはNGです。理由は、日々のメルマガ発信は、販売者にとって重要性は高くても、客観的に見て緊急性は高くはありませんし、LINEは短文が基本のチャットツールだからです。いつもいつも長文が送られてくることに嫌気が差して、ブロック率が高まります。

考え方としては、メールの長文を要約した内容を、キャッチーな表現にしてLINEメッセージで送るとよいです。これも、しっかりとした情報提供系のメールだったときだけにしてください。

本筋は日刊メルマガで送っておき、LINEではリアルタイムキャンペーンへの伏線をはったり、コミュニケーションを取ってエンゲージメントを高めるために利用しましょう。媒体特性に合わせて使い分けることでよりビジネス成果が出やすくなります。SNS集客をしていて毎日何かしらコンテンツを作っている方は、ぜひ、テキストベースのメルマガにして配信しましょう。

SECTION

旧メルマガをどうするべきか？

メルマガ配信スタンドの引越しは、非常にセンシティブ。
以前からメルマガ運用していた場合の最適解をお伝えします。

未購入の見込み客リストはどうすればいい？

多くの場合、既存のメルマガリストをUTAGEに移動するとメール到達率が下がります。元々のメルマガ配信スタンドでは開封率が60%あったのに20%に下がってしまったというお声もよく聞きます。

メルアドリストが1000以下であれば、UTAGEに移行しても良いとは思います。しかし2000件以上入っていて、開封率が60%あり、HOTな状態であれば、元の配信スタンドのままで運用することをおすすめします。それだけ、メルマガ配信スタンドの引っ越しはセンシティブで、ビジネスに与える影響がとても大きいのです。

一番のおすすめは、旧メルマガで、UTAGEで作った新キャンペーンを案内し、ファネルを体験してもらうことです。生きている、つまりまだ興味関心を寄せてくれているHOTな見込み客リストへとリフレッシュできるからです。

ぜひ、UTAGEで作ったファネルを旧リストの見込み客に体験していただいて、あなたの商品サービスのことを思い出してもらい、サービスがアップグレードされていることも間接的に伝えて、休眠リストを起こしましょう。

配信スタンド移行の実作業

まず、大事な前提なのですが、UTAGEからのメール配信実績が少ない状況でCSVでメールアドレスを一括登録して一気に配信すると、確実に到達率が悪くなります。つまりは、ある程度はUTAGEを利用して、ファネルを稼働し「独自ドメインのメルアド」を使って配信しておかないと、旧メルマガ購読者宛にUTAGEからメール配信しても届かない可能性が高いということです。

別の表現をすると、UTAGEでファネル構築し、ある程度の配信実績ができたところで、旧メルマガの移行作業をすることができます。

まずは、UTAGE管理画面にあるCSV一括追加の際の注意事項をよくお読みください。

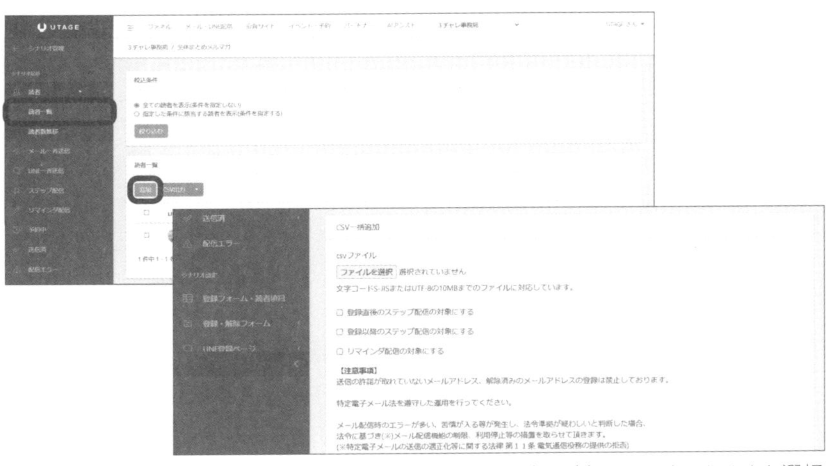

上部メニュー【メール・LINE配信】＞配信アカウント選択＞新メルマガシナリオを選択＞読者一覧にある緑「追加」ボタンを押すと見れる

①メルマガ配信に使う独自ドメインの設定をする

旧メルマガで配信に使っていた独自ドメインをUTAGEでも配信に使えるように、DKIM/DMARC設定します。エックスサーバーでの設定方法は2章をご覧ください。もともとの配信メールアドレスに使用していた独自ドメインがUTAGEでは使えない場合は、到達率などに期待せず、自己責任で利用してください。

②移行するメールアドレスのリストを精査する

以下にあてはまるものは、すべて除外してください。

- 送信の許諾が取れていないメールアドレス
- 解除済みのメールアドレス
- 旧配信スタンドでエラーアドレス判定を受けているメールアドレス
- 他者・他社から購入したメールアドレス
- 他者・他社と共有されたメールアドレス
- 取得元が不明、登録元が不明なメールアドレス
- **3ヶ月（90日）以上メール配信を行っていないメールアドレス**
- ツールを使いインターネット上から収集したメールアドレス
- オートビズからの移行の場合は、携帯キャリアのメールアドレス

移行するメールアドレスリストの掃除が終わったら、実際に、シナリオに読者追加していきます。

③毎日ちょっとずつ、読者追加していく

以下、UTAGE運営の公式マニュアルに記載されている内容を図解します。

	Day1	Day2	Day3	Day4	Day5	Day6	Day7	Day8
最大単位	100	300	500	800	1000	1300	1600	1900
Aグループ	1〜100							
Bグループ		101〜400						
Cグループ			401〜900					
Dグループ				901〜1700				
Eグループ					1701〜2700			
Fグループ						2701〜4000		
Gグループ							4001〜5600	
Hグループ								5601〜7500

初日は、まずはメールアドレスリスト100番までの【Aグループ】をUTAGEに入れて、配信します。送る内容は、メルマガスタンドを変更する連絡でもいいですし、販売者側の事情は一切知らせずにいつものメルマガの続きでもいいです。

もし、旧メルマガリストに入っている人とLINE公式でもつながっていたら、送信に使うメールアドレスをお知らせした上で、近日中にプレゼントを送ることを知らせ、迷惑メール解除をお願いしておきましょう。

続いて、翌日2日目に、ミニマム100〜最大300リストの【Bグループ】を読者追加して、この新規で入れた【Bグループ】を対象に前日と同じ内容でよいのでメール配信します。

この作業を、何度も繰り返して、保有する読者のメールアドレスがすべて移行完了するまで続けます。

見込みリストが少ない方は、1回あたりの移行対象リスト数を減らして、毎日20くらいずつ操作してください。「手元に300しかないから、たった2日でかんたんに移行完了できる」というわけではありません。

リストが少ない人こそ、慎重に・丁寧に作業することが必要です。

何万リストも保有していると、配信スタンド移行は現実的ではありません。大量配信になじんでいるメルマガ配信スタンドをそのままお使いになったほうがよいです。

既存購入者リストだけは移動させる

旧メルマガ配信スタンドを解約予定であれば、購入者リストだけはUTAGEに入れましょう。見込みリストに比べれば、数が少ないでしょうが、配信アドレスが変更になって到達率がさがろうとも、こちらから連絡すべき人たちだからです。

ただし、旧配信スタンドでエラーアドレス判定を受けている顧客リストは移行対象外としてください。届かないとわかっているメールに送っても、到達率を下げるマイナスの影響しかないからです。

さきほどと同じく作業していくのですが、私なら安全のために、毎日100件以下で少しずつ作業します。

あまり参考にならなかったかもしれませんが、それくらい、メルマガ配信スタンドの移行は負荷がかかり、到達率を棄損するものなので、くれぐれも、慎重に行いましょう。

おわりに

2005年8月に「まぐまぐ」で創刊号1065部からメルマガ発行をはじめました。その後、2015年にはASP運用代行業務の一環として、6.2万人向けにほぼ日刊のメルマガ発行をしたり、累計1000件にも及ぶプロダクトローンチキャンペーンの裏方スタッフをやる中で、メールの到達率を上げる施策について造詣を深めるのはもちろんのこと、どうすればメールの開封率やクリック率、購入率が向上するのかを試行錯誤しつづけ、見込み客から「反応を取るために」やってきたことを改めて再構成して本書にしました。なお、公式LINEについては、これまで934アカウントを運用支援してきています。

UTAGEの登場によってメールとLINEの配信システムが同一となり、配信同期できるようになったからこそ、メールとLINEをどう使い分けるとより相乗効果をもたらすことができるのか、最新の情報をお伝えしました。本書を利用することで、見込み客と長い期間、深い関係性を持つことを前提とした、しなやかで堅実なビジネス基盤を持つための一助となれば幸いです。

事例提供にご協力いただいた経営者コミュニティ「YCS」のみなさま、そして、出版のきっかけをくださった山田稔さんに感謝申し上げます。また、これまで多くの諸先輩方のご指導・ご鞭撻あって今の私があります。人数が多く、それぞれに謝意を伝えることが叶いませんが、恩送りとしてあなたに届いたことをうれしく思います。

最後に、本書の全体を通じて、私が思想・価値観の教育を行っていたことに気づいた人は、どのページのどの一文が一番心に刺さったのか、メールで教えてくださいね。本書の感想も大歓迎です。

宛先：utage@gram.bz

2024年12月　IT実業株式会社代表　金城有紀

著者紹介

金城 有紀（きんじょう ゆき）

IT実業株式会社代表取締役社長

1977年ブラジル生まれ、神戸出身。2002年にフリーエンジニアとして独立。現在は、個人・零細企業を対象に年平均350件の有料コンサルを行う人気のWebマーケティングコンサルタント。
生成AIやWebサービスを活用し、社員0で最大利益をとる仕組みを提供している。

編集協力●西田かおり、山田稔

UTAGE実践マニュアル　メール・LINE編

2025年1月30日　初版第一刷発行

著　者　金城 有紀
発行者　宮下 晴樹
発　行　つた書房株式会社
〒101-0025　東京都千代田区神田佐久間町3-21-5　ヒガシカンダビル3F
TEL. 03（6868）4254
発　売　株式会社三省堂書店/創英社
〒101-0051　東京都千代田区神田神保町1-1
TEL. 03（3291）2295
印刷／製本　株式会社丸井工文社

ISBN978-4-905084-86-0